过程安全领导力

——从董事会到基层

Process Safety Leadership from the Boardroom to the Frontline

〔美〕Center for Chemical Process Safety　编著

王　伟　赵兰祥　等译

中国石化出版社

·北京·

内 容 提 要

本书原版由美国化学工程师协会化工过程安全中心(CCPS)编著，系统阐述了过程安全领导力在企业全层级中的核心作用；强调过程安全不仅是技术议题，更是战略管理责任，需通过自上而下的文化重塑与全员参与实现；通过剖析过程安全商业案例，量化了安全绩效与财务回报的正向关联，证明稳健的过程安全管理可转化为竞争优势。此外，本书回顾了过程安全领域具有里程碑意义的事故，深入分析了事故中应吸取的教训，指出这些教训是推动行业进步的重要动力。本书还系统梳理了行业数据库、专业文献以及跨行业的类似案例等容易被忽视的学习资源，全面探讨了个人和组织在事故学习过程中可能遇到的认知困难和操作障碍，并提出了系统性、实用性和科学性的解决方案，为企业提升安全管理和事故预防能力提供了重要参考。

本书适用于化工、工程、安全等专业技术和管理人员，以及高等院校相关专业师生。

著作权合同登记　图字：01-2024-5251 号

Process Safety Leadership from the Boardroom to the Frontline
By Center for Chemical Process Safety(CCPS),ISBN:978-1-119-51931-7

图书在版编目(CIP)数据

过程安全领导力：从董事会到基层 / 美国化工过程安全中心编著 ； 王伟等译. — 北京 ：中国石化出版社，2025. 7. — ISBN 978-7-5114-7845-0

Ⅰ. TQ02

中国国家版本馆 CIP 数据核字第 2025WB8319 号

中国石化出版社出版发行

地址：北京市东城区安定门外大街 58 号
邮编：100011　电话：(010)57512500
发行部电话：(010)57512575
http://www. sinopec-press. com
E-mail: press@ sinopec. com
北京科信印刷有限公司印刷
全国各地新华书店经销

*

787 毫米×1092 毫米 16 开本 8 印张 139 千字
2025 年 7 月第 1 版　2025 年 7 月第 1 次印刷
定价：58. 00 元

“CCPS 过程安全图书精选 10 册”
编译委员会

陈毅峰　万华化学集团股份有限公司高级副总裁
纳永良　北京思创信息系统有限公司董事长
徐开宇　国家能源投资集团有限责任公司安环部主任
董小刚　北京伊埃管理咨询有限公司总经理
焦权声　中海油安全技术服务有限公司(中国海油安全生产培训中心)副总经理
普建武　万华化学集团股份有限公司首席过程安全专家

“CCPS 过程安全图书精选 10 册”
编译审核组

组　长： 王浩水　中国职业安全健康协会党委副书记、副理事长、总工程师　应急管理部原党组成员、总工程师

副组长： 王海军　中国职业安全健康协会驻会专家　应急管理部原应急指挥专员

罗新军　山东省工业和信息化厅原一级巡视员

胡予红　中国职业安全健康协会驻会专家　应急管理部国际交流合作中心原副主任

李文悦　中国职业安全健康协会副秘书长

组　员：（按姓氏笔画排序）

尹法波　青岛欧赛斯科技发展集团有限公司总工程师

卢朋慧　陶氏化学(张家港)有限公司工艺安全经理

刘　军　中国职业安全健康协会化工(危化)二部副主任

刘若尘　应急管理大学(筹)教授

刘慧茹　中国职业安全健康协会化工(危化)一部主任

李双程　伊士曼(中国)投资管理有限公司亚太区 HSE 总监

李永龙　国家能源集团北京低碳清洁能源研究院《清洁能源》期刊执行主编

李峰路　北京思创信息系统有限公司高级专家

吴祚祥　中国石油集团安全环保技术研究院有限公司二级工程师

张绍朋　中国职业安全健康协会化工(危化)二部业务专员

周纪标　安姆科集团亚太区 EHS 总监

孟庆杰　赢创特种化学(上海)有限公司北亚区过程安全经理
袁小军　北京风控工程技术股份有限公司技术总监
党文义　中国石化安全工程研究院有限公司副院长
徐　斌　中化应急技术服务(舟山)有限公司副总经理
高永宜　诺力昂化学品(上海)有限公司亚太区 HSE 总监
黄起中　国家能源投资集团有限责任公司安环部副主任
曹唯一　朗盛化学(中国)有限公司生产技术安全环境总监
董小刚　北京伊埃管理咨询有限公司总经理
普建武　万华化学集团股份有限公司首席过程安全专家
曾小明　鼎尚管理咨询(上海)有限公司总经理
蒲连雄　中海油安全技术服务有限公司安全总监

序

化工过程安全管理是预防重大危险化学品事故的先进理论和方法。美国化学工程师协会化工过程安全中心(CCPS)先后出版了100多本过程安全图书，不断总结化工过程安全管理的新理论、新知识与新实践，指导化工企业不断增强化工过程安全管理理念，持续提升化工过程安全管理水平，取得了显著成果，得到国际化工行业高度赞赏和认可。系统翻译CCPS过程安全图书是借鉴国际先进化工过程安全管理理念、技术与成功经验的有效举措，也是构建我国化工过程安全管理知识体系的必要措施，对推进我国化工行业高质量发展、推动我国危险化学品安全治理模式向事前预防转型具有重要和深远的意义。

中国职业安全健康协会(以下简称协会)党委副书记、副理事长、总工程师王浩水同志长期以来致力于推动化工过程安全管理的中国实践。为系统学习借鉴国际经验，王浩水同志亲自发起、组织和指导编委会首批甄选10册CCPS过程安全图书进行翻译出版，形成"CCPS过程安全图书精选10册"，后期还将陆续组织翻译、出版其他CCPS过程安全图书。

"CCPS过程安全图书精选10册"包括：

《过程安全工程设计指南(第二版)》(*Guidelines for Engineering Design for Process Safety, Second Edition*)

《通过事故调查持续改进过程安全》(*Driving Continuous Process Safety Improvement from Investigated Incidents*)

《过程安全领导力——从董事会到基层》(*Process Safety Leadership from the Boardroom to the Frontline*)

《精准风险决策指南》(*Guide for Making Acute Risk Decision*)

《过程危害分析验证指南(第二版)》(*Guidelines for Revalidating*

a Process Hazard Analysis, Second Edition)

《过程安全人因失误防范指南》(*Guidelines for Preventing Human Error in Process Safety*)

《过程安全文件编制指南》(*Guidelines for Process Safety Documentation*)

《过程安全知识管理指南》(*Guidelines for Process Safety Knowledge Management*)

《化学品安全仓储指南》(*Guidelines for Safe Warehousing of Chemicals*)

《过程安全事故典型案例解析》(*More Incidents That Define Process Safety*)

"CCPS 过程安全图书精选 10 册"分别由中国石油化工集团有限公司、国家能源投资集团有限责任公司、中国石油集团安全环保技术研究院、中国海洋石油集团有限公司安全生产培训中心、国家石油天然气管网集团科学技术研究总院、中国石油大学(华东)、万华化学集团股份有限公司安全生产管理中心、应急管理大学(筹)、北京风控工程技术股份有限公司、北京伊埃管理咨询有限公司、北京思创信息系统有限公司翻译和校审。

除以上单位外，朗盛化学(中国)有限公司、德凯达(上海)投资有限公司、诺力昂化学品(上海)有限公司、阿科玛(中国)投资有限公司、伊士曼(中国)投资管理有限公司、安姆科(中国)有限公司、圣莱科特集团、陶氏化学(中国)投资有限公司等在华外资企业也参与了"CCPS 过程安全图书精选 10 册"翻译稿的校审工作。

"CCPS 过程安全图书精选 10 册"不仅是传播化工过程安全管理新理念、新理论和新知识的载体，也是奉献化工安全风险管理新技术、新方法和新工具的手册。在翻译首批甄选的 10 册 CCPS 过程安全图书时，我们始终秉持"精准性、专业性、实用性"要求，力求在跨语言转换中实现基本原理、技术内涵的零损耗，既要忠于原著，又要契合我国化工安全管理实践。

在文字上，我们坚持“信”“达”“雅”原则，力求译文既保留原意又符合中文表达习惯，注重每句话的完整性，内容的准确性，语法结构的流畅性，语言载体的文学性。翻译过程中，协会多次组织专家就专业术语、书稿译文进行探讨斟酌。希望“CCPS 过程安全图书精选 10 册”能够准确呈现先进化工过程安全管理理念和科学方法，成为化工过程安全管理的理论和专业工具书。

首批甄选的 10 册 CCPS 过程安全图书翻译不仅是语言的转换，更是传播先进理念、安全文化和科学管理方法的桥梁，有助于国内化工从业者掌握国际前沿的安全管理方法，推动我国化工行业安全治理模式向事前预防转型。

愿“CCPS 过程安全图书精选 10 册”成为中外化工安全知识融合的典范，为守护更多劳动者安全健康、促进化工行业高质量发展贡献译者的专业力量。

“CCPS 过程安全图书精选 10 册”编译委员会

2025 年 5 月

《过程安全领导力——从董事会到基层》编译人员

王　伟	赵兰祥	孙万岭	焦权声	谭志强
宋　杰	杨立军	李雅清	蒲连雄	马　林
王方鲁	任承俊	史　芳	王　恒	董德新
洪维新	姚利军	朱庆勇	陈　敏	王晓雨
陈　阳	孙楷迪	张忠义	周　聪	高　锐
张佩璇	文　博	范　磊	殷耀玺	焦　龙
侯亚然	孙克强	胡　军	谢俊成	吴苏祥
刘景亮	王旭辉	方　毅	刘英凡	石　勇
黄　蓉	杨中成	任登涛	周向京	朱海龙
王青宇	戈仁刚	耿铁兵		

译者的话

在石油化工行业不断发展的过程中，安全始终是不可逾越的红线。美国化学工程师协会化工过程安全中心(CCPS)作为国际化工过程安全领域的先锋智库，其一系列著作犹如一盏盏明灯，为全球化工行业的安全管理照亮了道路。CCPS集国际化工过程安全领域的前沿智慧之大成，其所提出的理念和方法论对全球化工及石油行业的安全管理产生了深远影响。书中从过程安全领导力的核心作用出发，构建了一个涵盖从董事会到基层全员参与的安全管理体系，并强调过程安全不仅是技术问题，更是战略管理责任。这一点与我国石油行业近年来所倡导的全员安全责任理念不谋而合，同时提供了更加具有操作性的框架。

我国石油行业在快速发展的同时，也面临着各种安全挑战。一些企业虽然建立了安全管理体系，但在实际执行中往往面临领导重视不足、基层执行力弱以及安全文化建设欠缺等问题。书中提出的“自上而下的文化重塑与全员参与”理念正好击中这些痛点。通过明确各层级领导的安全责任，从董事会设定战略目标到基层员工严格执行操作规范，形成一个闭环的责任体系，这对提升我国石油企业的安全管理水平具有重要的指导意义。

每一起事故背后都隐藏着管理体系中的漏洞和认知上的盲区。正如书中所述，事故是推动行业进步的重要动力。通过对事故中暴露的问题进行深入分析，完善管理体系和操作规范，才能真正实现“从事故中学习”的目标。鉴于我国曾经历过的一些重大安全事故给人民生命财产和环境带来的巨大损失，我们更应重视事故调查和经验总结，将书中提到的系统性和科学性的解决方案应用于实际工作中，建立健全事故预防和持续改进机制。

书中通过大量实例和数据分析来论证观点，如对墨西哥城、印度博帕尔等重大事故的剖析，以及对安全绩效与财务回报正相关性的量化研究，使读者深刻认识到过程安全管理的重要性和紧迫性。此外，书中关于风险评估、屏障管理、能力建设等方面的论述也为企业提供了具体的操作指南。在石油生产、储运等环节存在诸多风险点，识别这些风险并设置有效的防护屏障是安全管理的关键。书中介绍的风险分析方法、屏障管理策略以及人员能力培养体系能够帮助企业构建更为科学和完善的安全管理体系，提高风险防控能力。

值得一提的是，书中强调的“过程安全文化”概念与我国提倡的安全生产文化建设高度一致。安全文化是企业安全管理的灵魂，通过营造全员重视安全、积极参与安全的文化氛围，可以从根本上减少人为失误和违规行为。鉴于生产环节的复杂性和危险性，培育深厚的安全文化尤为重要，让安全意识深入人心，成为每位员工自觉遵守的行为准则。

推动行业安全发展不仅需要技术的进步，更需要管理理念的革新和领导力的提升。希望本书的翻译和出版能让更多的从业者接触到国际先进的过程安全管理理念，结合我国实际情况不断完善安全管理体系，提升安全管理水平。

声　　明

我们真诚地希望，本书中提供的信息能够帮助整个行业创造更加辉煌的安全业绩。但是，美国化学工程师协会(AIChE)及其顾问、化工过程安全中心(CCPS)技术指导委员会、本书分委会成员，其雇主、雇员及领导，以及 Scott Berger and Associates LLC 及其分包商，均不以任何明示或暗示的方式对本书内容的准确性或正确性作出保证或声明。对于因用户使用或不当使用本书所产生的所有法律责任和后果，与上述组织、机构和个人无关，用户应当自行承担。

声明

目录

缩略语<<<

AIChE ——American Institute of Chemical Engineers 美国化学工程师协会

API ——American Petroleum Institute 美国石油学会

CCPS ——Center for Chemical Process Safety 化工过程安全中心

CEO ——Chief Executive Officer 首席执行官

COO ——Conduct of Operations 操作行为

CSB ——The United States Chemical Safety and Hazard Investigation Board 美国化学品安全与危害调查委员会

EH&S ——Environment, Health, and Safety 环境、健康与安全

e-MOC ——Electronic Management of Change(System)电子变更管理(系统)

ESD ——Emergency Shutdown 紧急停车

E. U. ——European Union 欧盟

FMEA ——Failure Modes and Effects Analysis 失效模式及影响分析

HIRA ——Hazard Identification and Risk Analysis 危害识别与风险分析

HP ——High-Potential 高潜事件

HP PSNM ——High-Potential Process Safety Near-Miss 潜在高后果的过程安全未遂事件

HR ——Human Resources(leader or function)人力资源(领导者或部门)

HSE ——Health, Safety, and Environment(al), or the Health Safety Executive(of the UK), depending on context 健康、安全和环境，或英国健康与安全执行局(取决于上下文)

IEC ——International Electrotechnical Commission 国际电工委员会

ISD ——Inherently Safety Design 本质更安全设计

ISO ——International Standards Organization 国际标准化组织

IPL ——Independent Protection Layer 独立保护层

ITPM ——Inspection, testing, and preventive maintenance 检查、测试与预防性维护

KPI ——Key Performance Indicator 关键绩效指标

LOPA ——Layer of Protection Analysis 保护层分析

MOC ——Management of Change 变更管理

MS ——Management System 管理系统

NASA ——National Aeronautical and Space Administration 国家航空航天局

OD ——Operational Discipline 操作纪律

OMOC ——Organizational Management of Change 组织变更管理

OP ——Operating Procedure 操作程序

PHA ——Process Hazard Analysis 过程危害分析

PPE ——Personal Protective Equipment 个体防护装备

PSE ——Process Safety Event 过程安全事件

PSI ——Process Safety Information or Process Safety Incident, depending on context 过程安全信息

PSMS ——Process Safety Management System 过程安全管理体系

PSNM ——Process Safety Near-Miss 过程安全未遂事件

PSSR ——Pre-startup Safety Review 开车前安全审查

R&D ——Research and Development 研究与开发

RACI ——Responsible-Accountable-Communicated to-Informed 负责—批准—咨询—知会表

RAGAGEP ——Recognized and Generally Acceptable Good Engineering Practices(USA regulations) 公认并被广泛接受的良好工程实践(美国法规)

RC ——Responsible Care® 责任关怀®

RCI ——Root Cause Investigation 根源调查

RCMS ——Responsible Care Management System® 责任关怀管理体系®

RIK ——Replacement-in-Kind 同类替换

RP ——Recommended Practice(of API) 推荐实践

SEP ——Sound Engineering Practices(European regulations) 良好工程实践(欧洲法规)

SIL ——Safety Integrity Level 安全完整性等级

SIS ——Safety Instrumented System 安全仪表系统

SWP ——Safe Work Practice 安全作业实践

TQ ——Threshold Quantity 阈值

UK ——United Kingdom 英国

USA ——United States of America 美国

致谢

美国化学工程师协会(AIChE)及其化工过程安全中心(CCPS)感谢过程安全领导力分委员会成员和CCPS成员公司为本书所做的巨大努力和技术贡献。CCPS也感谢CCPS技术指导委员会成员提供的建议和支持。

CCPS过程安全领导力分委员会成员

过程安全领导力分委员会的主席分别是赫斯公司的伯纳德·格罗斯(已退休)以及最初就职于禾大公司，现就职于德克拉的约翰·温塞克。CCPS的员工顾问是丹·斯利瓦。分委员会成员如下：

Don Abraham son	CCPS荣誉委员
Steve Arendt	ABSG咨询公司
Vivek Bichave	信实工业有限公司
Theresa Broussard	雪佛龙
Kevin He	壳牌
Fred Henselwood	诺瓦化学
Dave Hurban	美国电力公司
Hope Luebeck	科慕公司
Dan Miller	荣誉委员
David Prior	霍尼韦尔
Hervé Vaudrey	德凯集团
Dan Wilczinski	马拉松石油公司

CCPS感谢Scott Berger and Associates LLC编写这部书稿，该公司总裁Scott Berger担任项目经理及合著者，KPS公司总裁Kenan Stevick担任合著者，已退休的尊敬的Israel Dubin担任编辑，Allison Berger为第1章提供了研究协助，High Desert Safety公司总裁Steve Eason对书稿大纲提供了指导，美国科学作家协会成员Cynthia Berger对书稿进行了最后通读以确保质量。

同行评审员

在出版之前，CCPS 所有的书籍都要得到一个全面的同行评审。CCPS 衷心感谢同行评审人员的意见和建议。他们的工作提高了这些图书的准确性和清晰度。

Ademola Akanbi	马林克罗制药公司
Christopher Conlon	国家电网(英国)
Kevin He	壳牌
Alok Khandelwal	壳牌
Gregg Kiihne	巴斯夫
Jennifer Mize	伊士曼化工公司
Shannon Ross	维纳特公司
Anne O'Neal	雪佛龙
Thomas O'Rourke	巴斯夫
Jeffrey Wanko	美国职业安全与健康管理局
Jiaqi Zhang	壳牌

名词术语与风格

在本书通篇，缩写“PSMS”一直被用于指代“过程安全管理体系（Process Safety Management System）”。虽然此术语尚未得到普遍使用，但作者认为避免使用更为常见的缩写“PSM”至关重要。鉴于“PSM”指的是美国的一项法规，“PSMS”有助于表明本书具有全球适用性，且特别论述了推动和维持公司过程安全绩效与文化所需的领导力。

该分委员会与作者期望本书运用直白的语言，这在面向管理的书籍中颇为常见。习惯于诸如“建议领导者考虑采取措施……”这类句子结构的技术导向型读者，起初可能会对读到“作为领导者，你**必须**……”感到惊讶。不过，你很快就会认同，过程安全方面的领导力要求在组织的所有层级进行清晰的沟通、明确的指示以及严格的执行。直白的语言有助于达成目标。

在上述示例及整本书中，“**必须**”一词的使用无论如何都不表示本书代表了一项自愿性的共识标准。与其他 CCPS 书籍类似，本书呈现的是最佳及新兴的实践做法。在这种情况下，“**必须**”仅指领导者和公司若有志于展现一流的过程安全领导力所需要做的事情。

本书所使用的任何关键术语在其被引入时均予以定义。本书遵循 CCPS 的标准词汇表，其可在以下网址获取：

http：//www. aiche. org/ccps/resources/glossary

前言

你可能会问："为什么又出了一本关于领导力的书呢?"答案很简单，并且植根于我们当前和历史的处境中。在全球范围内，每天都会发生重大危害泄漏事件，这些事件几乎都与之前的事故类似，正如托尼·巴雷尔所描述的"可怕的相似性"，而且所有这些事件都是可以预防的。作为领导者，我们怎么能接受这种情况呢？我们的主要职责之一就是管理风险，包括过程安全事故的风险。

在成立后的数年时间里，CCPS 认识到领导力在推进过程安全方面的重要性。在描述过程安全管理体系(PSMS)的书籍——《化工过程安全技术管理指南》(参考文献 FM. 1)中，CCPS 写道：

在各个层面，领导力在很多管理体系中都是关键要素。领导力是推动管理体系运行的动力。对于化工过程安全管理而言，领导力至关重要，它能够通过所提供的可见性、动力、组织承诺和方向，对不同绩效进行奖惩来展现安全工作的重视程度。领导力在每个层次上都是必需的——从首席执行官到基层主管。如果没有强有力、有效且持续的领导，就无法实现所需的安全绩效水平。

随着时间推移，CCPS 领域积累的更多实践经验表明，领导者的角色更为关键。《基于风险的过程安全》(参考文献 FM. 2)中描述的 20 个过程安全管理体系(PSMS)要素包括领导者需要负责的 3 个要素：企业文化、运营管理以及管理评审。

时至今日，更多的经验也已证实，过程安全远不止是一门附带些许管理监督的技术学科。相反，它是一种专业的经营之道，必须由领导者从组织的最顶层直至最底层加以推动。本书为过程安全构建了极具说服力的商业案例，随后详细阐明了组织各级推动持续、可靠的过程安全绩效所需的领导技能和知识。

如同众多其他 CCPS 出版物，本书引入了先前未曾发表的经验、方法及思考。它基于 CCPS 以往的工作，并与所引用的文献、CCPS 的广泛经验以及分委员会成员和作者的特定经验相联系。我们将其呈现给你，作为我们致力于持续改进，以消除过程安全事故这一承诺的一部分。

领导们在组织的各个层面通力合作，专业地执行其过程安全管理体系，可以创造出伟大的成就。我们迎接挑战，大幅度减少过程安全事故以回应各方要求，我们的股东要求如此，我们的员工应该如此，我们的社区也期望如此！

斯科特·伯杰和凯南·斯蒂维克

2018 年 5 月 21 日

本书概要《《

1989 年，CCPS 首次将“领导力支持”确定为过程安全的基本要求(参考文献 FM. 1)。在过去的 30 年中，CCPS 成员公司和其他公司的经验确实证明了这一点。任何在减少过程安全事故方面取得持续成功的公司都让各级领导参与到过程安全工作中来。领导们制定政策和风险标准，确保实施适当的措施，并建立管理系统。通过管理系统，确保正确维护这些措施实施所需的广泛运营、技术和支持功能。

有关这一主题的书籍自首次出版以来，CCPS 已经为领导者开发了众多支持工具，包括：

- 《操作行为和操作纪律、改进工业过程安全》(*Conduct of Operations and Operational Discipline for Improving Process Safety in Industry*)(2011)；
- 《创建、加强和维持过程安全文化的基本实践》(*Essential Practices for Creating, Strengthening, and Sustaining Process Safety Culture*)(2018)；
- 《制定量化安全风险标准的指导原则》(*Guidelines for Developing Quantitative Safety Risk Criteria*)(2009)；
- 《基于提高过程安全绩效的整合管理体系和指标指南》(*Guidelines for Integrating Management Systems and Metrics to Improve Process Safety Performance*)(2016)；
- 《基于风险的过程安全》(*Guidelines for Risk Based Process Safety*)(2007)；
- 《识别灾难性事故预警信号》(*Recognizing Catastrophic Incident Warning Signs*)(2011)；
- 《过程安全的商业案例》(*The Business Case for Process Safety*)(2002、2004、2007 和 2018 年版本)；
- 《过程安全文化工具包》(*The Process Safety Culture Toolkit*)(2004)；
- 《愿景 20/20 过程安全：旅程继续》(*Vision 20/20 Process Safety：The Journey Continues*)(2014)。

此外，迄今为止，还没有一本全面的针对领导者的资源书籍。这本书为各层级的领导者提供了必要的工具，帮助他们履行其过程安全职责。

许多公司在过程安全的技术与领导力层面已取得了显著进展。一些公司可能认为他们在过程安全性能方面取得了卓越的成绩，其中一些公司可能确实做到了。然而，从那些被认为过程安全绩效强劲的公司所发生的重大事故中汲取的经验教训表明，几乎没有公司达到了他们自以为或者所需要达到的过程安全的卓越水平。

再者，无论已达到何种卓越程度，哪怕只是维持该水平，都需要持续不断的努力。因为新技术不断涌现，产品和工艺流程不断发生变化，会有领导者和操作人员转向新的岗位。

与设备类似，过程安全管理体系(PSMS)的性能若不加以维护，可能会逐渐退化。在当前的变化节奏下，卓越可能很快就会降级为平庸，甚至更糟。

因此，作为任何一家使用或生产危险物料公司的任何层级领导者，都应当借助本书持续评估并增强整个组织的过程安全领导力——即便认为自己的组织已然达到卓越水平。在阅读时，请思考以下问题：

- 我如何提高自身对过程安全的认知？
- 我如何增强我所在团队以及我自身的脆弱意识？
- 我在履行过程安全职责方面是否存在缺口？
- 本组织中的领导者在履行其过程安全职责方面是否存在差距？
- 我应当制定何种目标和行动计划来发展我的过程安全领导能力？
- 我如何在本组织中培养过程安全领导能力？
- 我的团队应当怎样分配明确的领导责任，以处理我们所控制的过程安全管理体系(PSMS)的各个方面？
- 为确保我的团队切实执行我们的 PSMS，以保证我们预防事故的屏障坚不可摧，我需要做些什么？

这些问题以及你在阅读本书时所形成的答案，适用于各种岗位的人，无论是董事会成员、总裁、企业领导、运营领导还是职能领导。即使你是一个个体户、操作人员或工匠，这些问题也同样适用。无论你在组织中的职位高低，都可以展示并培养过程安全领导能力。

第 1 章从业务角度阐述了过程安全的重要性。虽然过程安全从伦理角度来说是一项不可或缺的要求，但对于过程安全所要求的强有力的领导力，不仅能为企业带来正面影响，还能为股东带来价值。

第 2 章解释了过程安全的原则以及实现其有效运行所需的领导技能。该章还纠正了人们对合规性和事故调查的常见误解，并强调经济衰退和复苏是需要特别谨慎领导的两个领域。

第 3 章介绍了对过程安全至关重要的关键领导属性，其中许多适用于其他所有业务职能。该章引入了过程安全文化的概念，并制定了发展或改进文化的路线图。

第 4 章探讨了过程安全管理体系(PSMSs)的常见要素。对于每个要素，该章强调了各级领导者的岗位。阅读此章时，请关注除自身以外的其他岗位。这将有助于你引领团队进行过程安全领导力的发展，同时也有助于你培养在组织中晋升所需的领导技能。

第 5 章思考了在典型公司中具有代表性的一系列职位的过程安全领导责任范围。这些职位包括从首席执行官到基层运营人员的各直线组织角色，以及众多支持角色。

第 6 章描述了一个负责—批准—咨询—知会(RACI)表的练习，你可以与团队一起进行，以确保所有必需的领导职责得到分配，并建立必要的支持和沟通渠道。该章还为一个小型组织提供了一个 RACI 图表示例。

第 7 章总结了本书中所描述的概念。希望在深入细节之前先获得宏观视角的读者可以从这一章开始。但如果你从此章开始，切勿止步于此。过程安全领导力在于正确处理细节。

因此，你必须深入探究细节。

当你阅读各章节时，你会发现一些共同的主题被反复提及：

(1) 了解你所在组织的潜在风险和可能后果，并培养一种有益的脆弱感。

(2) 实施并了解你需要的控制风险的措施，以符合你公司的风险标准。如果你的公司没有风险标准，你需要制定它们。

(3) 通过严格执行 PSMS 的每个部分来确保所有安全屏障处于正常工作状态。

(4) 定期进行管理审核，以验证绩效，保持进度，防止偏离的常态化。

(5) 从事故和绩效中学习，并根据所学内容实施改进措施。

许多领导者会发现让整个团队一起阅读这本书并定期讨论很有用。在这样的会议上，你可以和你的团队突出组织或个人发展需求，制定行动计划和目标。

无论你是和一群人一起阅读还是独自阅读，都要在重要的页面上做标记或折页，并在页边空白处做很多笔记。充分利用随本书提供可下载的个人发展和行动计划工具。

如果你的公司有已经运营了多年的危险设施，你可能会在书中发现一些你已经做得很好的内容。恭喜你！但是要继续前进，寻找有用的建议，以进一步提高你的过程安全领导影响力。可以让你的团队也这样做。

一些读者可能会从与其他行业团体(如当地商会、地区、国家或国际层面的商业或贸易协会以及技术、工程和环境健康安全协会)对本书进行对比或讨论中获益。CCPS 社区在过去 30 多年的经验表明，当你在公开论坛上分享你在过程安全方面的经验时，你会从其他参与者那里获得多倍的洞察力。即使你的公司是 CCPS 成员(如果不是，你应该认真考虑加入)，在与其他行业团体讨论过程安全时也会获益良多。

感谢你阅读本书。实际上，没有比保护工人、运营、社区和环境更重要的业务了。但如果你能做好这一点，你将获得许多额外的益处。

本书的使用方法⋘

如果不能充分控制这些危险，这些材料可能会引发灾难性的火灾、爆炸或有毒物质泄漏。如果你不知道自己面临灾难性事故的风险，那么你可能在过程安全领导方面存在的漏洞比你想象的还要多。无论你的行业、规模或公司复杂程度如何，都需要领导力和多学科专业知识来安全地生产和处理危险物料。你需要在设计、设备和原材料采购、招聘和培训、建设、运营和维护等各个环节中关注过程安全。

公司里的每个人都需要了解自己的过程安全职责，以及这些职责如何融入整体风险管理流程。阅读本书时，请抵制快速浏览与自己职责无关部分的冲动。

书中随处可见的图标标示出不同岗位的责任：

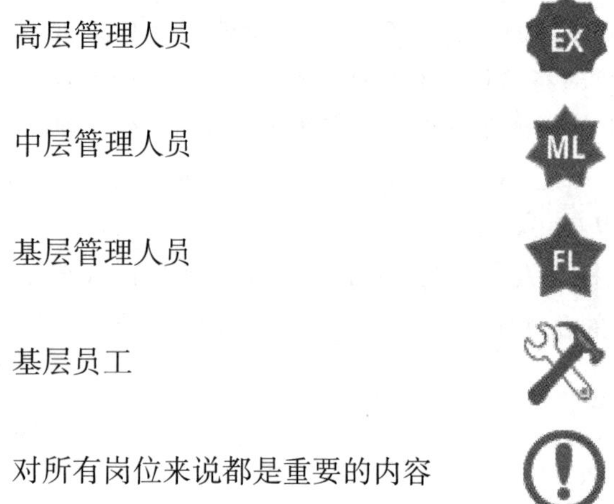

由于领导力与文化的紧密联系，一个图标突出了过程安全文化的核心原则，正如 CCPS 在本书的姊妹出版物中所描述的那样(参考文献 FM.4)。

过程安全文化核心原则

我们建议你首先完整阅读本书，这将帮助你了解过程安全工作的框架以及领导如何使各个岗位相互配合。然后，你可以回到上文，使用上方的图标来重点关注你的职责领域。请突出或记下你可能需要改进或纳入个人发展计划的子章节。你可能会发现提供的两份过程安全领导计划模板(过程安全目标/行动计划模板和过程安全个人发展/回顾计划模板)很有帮助。你可以从以下网址下载这些模板：www. aiche. org/ccps/publications/leadership。

最理想的情况是，领导团队和实际工作团队可以一起阅读这本书，定期开会讨论关键点并制定行动计划。

参 考 文 献

FM. 1 CCPS, *Guidelines for Technical Management for Chemical Process Safety*, American Institute of Chemical Engineers, New York, 1989.

FM. 2 CCPS, *Guidelines for Risk Based Process Safety*, American Institute of Chemical Engineers, New York, 2007.

FM. 3 *Piper Alpha*: *Spiral to Disaster*, BBC, London, 1997.

FM. 4 CCPS, *Essential Practices for Creating*, *Strengthening*, *and Sustaining Process Safety Culture*, American Institute of Chemical Engineers, New York, 2018.

1 过程安全商业案例

过程安全商业案例不是必需的，因为没有必要论证过程安全的重要性。保护工人、社区和环境的需要与保护市场份额、提供和保护股东价值以及支付工资的需要一样显而易见。但在业务日常需求的压力下，领导者有时会忽视这些显而易见的事实。当一家公司及其领导者忽视过程安全时，他们就会失去本章中所描述的显著的财务和组织收益。在你开始提高与过程安全相关的领导技能之前，你需要了解这些收益。

对 CCPS 成员公司的基准调查(参考文献 1.1)❶，结合其他来源的数据(参考文献 1.2~1.4)，提供了确凿的证据，证明系统地实施过程安全可以带来五个益处，帮助公司实现可持续发展。图 1.1 总结了这些益处，并在本章中进行了讨论。

> 过程安全是一项道德要求，它伴随着巨大的经济利益。

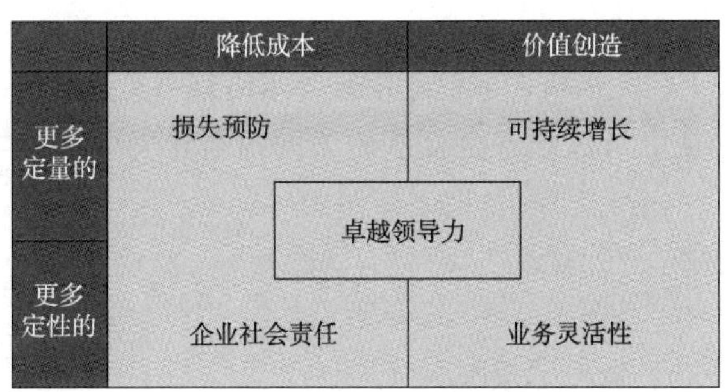

图 1.1 过程安全的五大益处

1.1 企业社会责任

始终保持良好的过程安全绩效可以使你的公司对投资者、员工、社区、政府和保险公司更具吸引力。长期保持对过程安全的坚定热情，可以告诉关键的利益相关者，你关心他们和你的员工，并且对企业管理得很好。

这些好处直接反映在股票价格上。对 4 个国家和 4 个行业部门的 12 起重大事故进行了回顾，显示这些事故对股价产生了影响❷。

---

❶ 涵盖本章和更多内容的全彩设计小册子可以从 www. AIChE. org/ccps/businesscase 或本书附带的可下载文件免费下载。

❷ 事件发生在德国、印度、日本和美国。以适用的国家股市行业指数(如化工、石油、制药或公用事业等)为基准。参见第 1.7 节。

如图 1. 2 所示，事故发生后，股价相对于市场立即开始下跌。损失可能持续一年甚至一年以上。在博帕尔事件之后，联合碳化物公司的股价相对于市场连续下跌了 15 年。

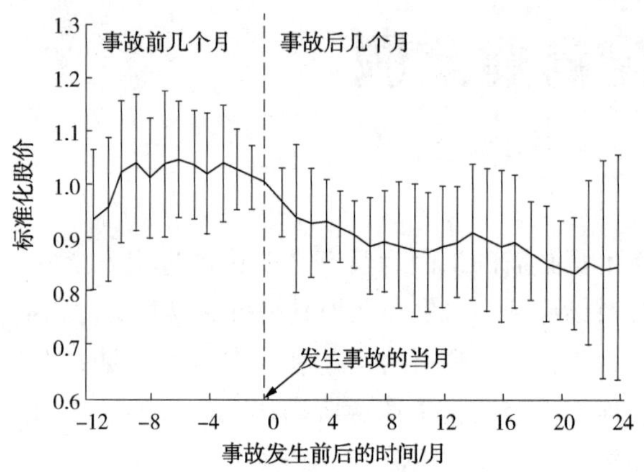

图 1. 2　过程安全事故对股价的影响

注：以事故发生前一个月月底的股价为基准，根据大盘指数进行了标准化校正，消除了整体市场波动的影响。

股价下跌包括的损失远远超出了有形损失本身。简单地说，差别在于股东的看法。几乎每只股票的定价都远高于其有形资产的价值。这种溢价反映了投资者对公司管理、控制风险、创新和持续增长能力的信心。在资产负债表上显示这种溢价的做法各不相同。在某些情况下，资产负债表上的无形资产或商业信誉等术语是用于描述全部或部分溢价。

这种股东信心溢价是由与过程安全直接相关的因素建立（或摧毁）的。

实际风险和感知风险。

- 公司形象。
- 公司在其运营所在社区所获得的支持。
- 员工参与度与态度：该公司是否为首选工作单位？
- 来自投资者、政府、监管机构、社会活动家和媒体对公司的信任。

在私有企业里这依然适用吗？
公司的估值所反映的不仅仅是财务底线，它还决定外界对贵公司管理、控制风险以及可持续发展能力的看法。

1. 2　业务灵活性

能够有效管理过程安全的公司能够自由地管理其业务并实现盈利性增长，同时满足所有利益相关者的需求——包括当地社区、公众、监管机构、政府、投资者和客户。业务灵活性源于赢得公众尤其是当地社区的信任。这是贵公司运营的许可证。与所有许可证一样，颁发许可证的主体也可以收回许可证。

每发生一起事故都意味着一次机会的丧失。当重大事故发生时，公司必须将资源调配到调查、清理、恢复以及应对法律和监管方面的挑战上。否则，这些资源本可用于企业的发展。

重大事故还可能严重消耗可用资金。这可能会迫使公司出售有价值的资产，通常是以远低于其价值的价格出售——这是另一个损失。对于许多公司来说，这可能导致公司倒闭和每个员工生计的丧失。

这种灵活性可以为公司带来以下好处：

- 它能让你将精力集中在增长和提高生产效率上，而不是忙于应对危机和恢复工作。
- 它能保护公司的现金流免受意料之外的干扰。
- 它能证明公司有资格运营。
- 它能加强并维护与当地社区的良好关系。
- 它能帮助你更快地获得扩建许可或新建设施的批准——这是在实施新的竞争项目时至关重要的优势。

重大事故可能会削弱公司应对竞争对手业务行动的能力。处于虚弱状态的公司也可能成为不情愿的收购对象。此外，事故还可能导致出台新的法规。这会影响你的公司以及整个行业的每个人。

1.3 损失预防

能够通过能力、文化和规范化管理等方面展现出强大的过程安全领导力的公司，每年都能获得额外的收益。这些收入显示在底线上，从没有发生的事件中节省下来。

有些公司可能仅仅因为运气而暂时避免了重大事故的发生。即便如此，较小事故和“未遂事故”的成本仍在不断累积。而且，运气总有用尽的一天。只有拥有强大的PSMS(过程安全管理体系)，并展现出强大的过程安全领导力，才能从根本上避免大小事故的发生。预防事故带来的好处包括：

- **拯救生命和预防伤害**：人员伤亡带来的个人痛苦和财务影响。
- **减少财产损失**：重大事故的平均损失约为3.3亿美元(参考文献1.2)。
- **减少业务中断损失**：业务中断损失通常是财产损失的2~3倍，甚至可能高达11倍(参考文献1.2)。
- **保护市场份额**：事故发生后，市场份额可能会在恢复生产后缓慢恢复。直接向消费者销售的公司还可能会失去市场份额，直到公司声誉恢复为止。
- **减少罚款和诉讼费用**：对于许多事故，罚款可能高达数百万美元。受害者和受影响社区提起的诉讼费用可能会更高。近年来，如英国公司过失致人死亡法等新法律，允许高层管理人员因严重事故而受到刑事起诉(参见第2.6节)。
- **监管关注度降低**：重大事故通常会导致监管机构加大检查力度，这可能导致额外罚款并占用资源。
- **修复成本降低**：即使是小型事故的环境清理费用也可能相当高，并且可能持续数年。

这些成本中的许多项都会让小型公司破产。通常情况下，这是由于现金流承受了巨大的压力。如果公司没有足够的现金来应对资本和销售损失，它可能被迫以清算价出售高价资产，从而导致股东价值遭受重大损失。

1.4 可持续增长

世界各地的公司已经意识到，当实施一套全面的PSMS(过程安全管理体系)时，其生产效率和产品质量会得到提升，同时成本也会降低。原因显而易见。过程安全要求你：

- 更好地了解你的流程；
- 设想可能出现的问题及其原因，并采取预防措施；
- 改进流程开发和前端工程设计；
- 严格遵循程序；
- 保持设备、管道和控制系统处于良好的运行状态；
- 当流程失控或出现异常情况时，立即安全停车；
- 从调查事故和未遂事件中吸取教训；
- 严格管理变更。

这样做可以带来以下好处：

- 更高的设备运行时间和更稳定的运行状态；
- 更长的计划外和计划内停机间隔；
- 提高产量和生产效率；
- 提高产品质量，减少返工。

此外，参与行业内更广泛的合作，努力促进过程安全，也确实具有实际价值：

- 帮助**供应商和客户**改善过程安全，有助于确保贵公司原料的供应和业务的持续销售。
- 帮助制定**标准、指南和法规**，使你能够接触到外部的知识和经验，并确保你的意见能够被清晰地听到。
- 与**承包商**保持开放的沟通，有助于引入从其他地方学到的最佳实践。

将过程安全作为企业运营中不可或缺的一部分，可以显著提高企业的收入和降低企业的成本，创造的价值可能相当可观。参与研究的公司(参考文献 1.3 和 1.4)报告称，他们在过程安全方面的投资带来了以下财务收益：

- **提高了生产效率，减少了停工时间**：由于设备可靠性的提高和基于风险的维护。
- **降低了生产成本**：由于提高了工作效率。
- **降低了维护成本**：由于设计和维护管理的改善。
- **提高了资本效率**：由于在设计和风险标准方面进行了前端工程优化。
- **减少了停工时间**：由于减少了腐蚀和基于风险的维护。

1.5 卓越领导力

越来越多的公司将运营管理和领导活动整合到一个名为“运营卓越”(Operational

Excellence)的综合管理体系中。仔细研究这些管理系统可以发现，运营卓越依赖于以敬业精神执行过程安全的核心原则。

在全球业务环境日益激烈的今天，企业需要具有前瞻性的领导者，他们能够严格管理细节。过程安全需要每个人都展现出领导力，这有助于为员工做好未来担任领导岗位的准备。由于过程安全涉及许多运营和技术岗位，它有助于培养越来越多的领导者和管理者，推动公司的未来发展。

过程安全可以保护公司免受可能威胁公司可持续发展的重大事故所造成的损失，同时也可以防止其他损失——如效率损失、信任损失、环境质量损失、产品完整性损失等。过程安全是运营卓越的基础。

1.6 总结

总之，过程安全管理的商业案例与其他业务维度的商业案例类似。一个稳健的 PSMS (过程安全管理体系)在稳健的企业文化中运行，将从五个方面提升你的业务，所有这些都将推动利润的提高和股东价值的提升：

- **企业社会责任**：有助于提升公司形象，通过增加商誉为股东创造更多价值，同时帮助公司成为员工更愿意工作的地方。
- **业务灵活性**：消除障碍，使公司能够专注于创新和市场开发。
- **损失预防**：防止资产受损，防止事故伴随的股东价值更大范围的受损。
- **可持续增长**：提高生产效率和产品质量，帮助公司保持领先的管理系统和技术。
- **卓越领导力**：推动领导者提升技能，帮助培养未来的领导者。

图 1.3 展示了这五项益处如何推动公司资产负债表、损益表和现金流量表的发展。

本书其余部分致力于帮助你展示和培养所需的领导能力，以帮助你的公司实现这些益处。

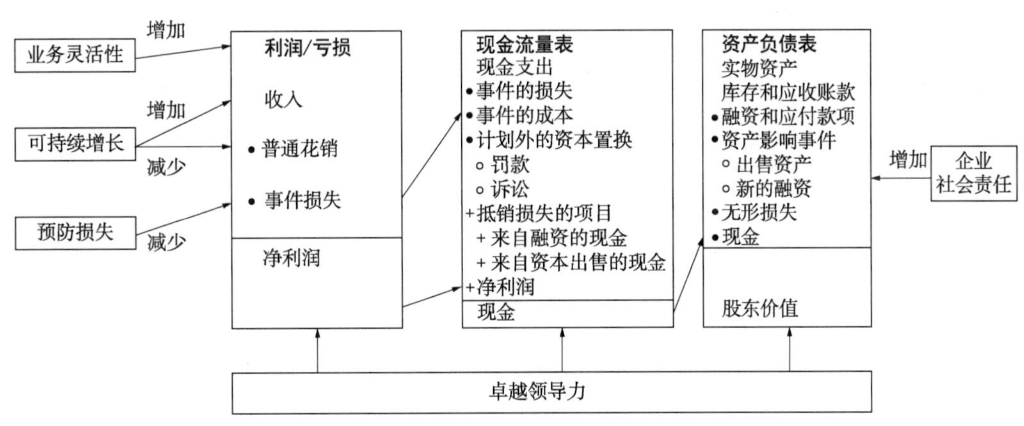

图 1.3 过程安全对公司财务绩效的影响

1.7 突发事件

如图 1.2 所示，具体如下：

- 阿尔蒂药业有限公司（Aarti Drugs，Ltd.），塔拉普尔（Tarapur），古吉拉特邦（Gujarat），印度，2013 年 3 月 22 日。
- 美国电力公司（American Electric Power），贝弗利（Beverly），俄亥俄州（OH，USA），2007 年 1 月 7 日。
- BASF 有限公司（BASF，Ltd.），路德维希港（Ludwigshafen），莱茵兰-普法尔茨（Rheinland Pfalz，Germany），2016 年 10 月 18 日。
- BP，路易斯安那州海岸，美国，2010 年 4 月 20 日。
- BP，得克萨斯州休斯敦，美国，2005 年 3 月 23 日。
- 雪佛龙，加利福尼亚州里士满，美国，2012 年 8 月 6 日。
- 亨斯迈，得克萨斯州波特阿瑟，美国，2006 年 4 月 29 日。
- 三菱化学，茨城县鹿岛市，日本，2007 年 12 月 21 日。
- 太平洋天然气与电力公司（Pacific Gas & Electric），圣布鲁诺，加利福尼亚州，美国，2010 年 9 月 9 日。
- 普莱克斯公司（Praxair），圣路易斯，密苏里州，美国，2005 年 6 月 24 日。
- 机密事件#1 由私人披露。
- 机密事件#2 由私人披露。

参 考 文 献

1.1 CCPS, *The Business Case for Process Safety*, American Institute of Chemical Engineers, New York, 2018 (and previous editions 2002, 2004, and 2007).

1.2 Marsh Ltd., *The 100 Largest Losses* 1974-2015, London, 2016.

1.3 CCPS Unpublished research report, "The Business Case for Process Safety," 2001.

1.4 Personal communications from representatives of CCPS member companies.

2 领导和过程安全管理

第 1 章通过实际商业案例对过程安全的重要性进行了阐述，实施过程安全既能带来看得见的好处，也能带来潜在的利益。本章介绍过程安全的基本概念，强调了对领导者至关重要的关键点，并澄清了一些常见的误解。在第 3 章将阐述作为领导者，你和其他人必须采取的措施，以实施这些概念并达到预期的绩效。

2.1 过程安全定义

一个简单地概括了过程安全主要目标的过程安全定义是：

将危险物质和能量储存在设备和管道系统中，以防止灾难性火灾、爆炸和有毒物质泄漏。

因此，过程安全管理体系(PSMS)是一套完整的标准、分析、任务和监督活动，旨在确保危险物质和能量处于其设备内，并在设备失效时将潜在后果降至最低。图 2.1 展示了 CCPS 对这些术语的正式定义。

> **过程安全：**
> 一种规范的框架，通过应用良好的设计原则、工程技术和操作实践，来管理处置危险物质的运行系统和过程的完整性。
> 它涉及预防和控制可能导致危险物质或能量释放的事故。此类事故可能导致中毒、火灾或爆炸，最终可能导致严重伤害、财产损失、生产停顿和环境影响。（来源：CCPS在线词典）
> **过程安全管理体系（PSMS）：**
> 一套专注于预防、准备、减轻、响应或从与设施相关过程的化学物质或能量灾难性释放中恢复的管理体系。

图 2.1　过程安全定义

作为任何级别的领导者，你有职业上的义务了解和清楚危险物质释放的潜在严重性。参与运营的每个人都有责任，从工厂操作人员和维护人员到首席执行官，他们的责任是**确保将危险物质和能量储存在设备和管道系统中**。

> **过程安全绩效与伤亡率相关吗?**
> 英国石油公司(BP)的高管们在“深水地平线”钻井平台上颁发职业安全奖的当天，遭遇了该公司历史上最严重的井喷事故。良好的职业安全状况并不能保证，甚至也不能暗示良好的过程安全。

重要的是将过程安全与更广泛的职业安全与健康问题进行对比，后者涉及员工因工作任务或环境而遭受的所有伤害或疾病。职业安全与健康旨在预防所有类型的伤害和疾病，重点在于预防滑倒、跌倒、坠落、切割、热烧伤、肌肉骨骼损伤等。这些类型的事故虽然可能相当严重甚至致命，但在大多数工作环境中很常见。然而，过程安全隐患却与所处理的物料和过程设计密切相关。许多高管和经理认为“安全”问题已经得到控制，因为他们看到职业伤害率在下降，但随后却会因为严重的火灾、爆炸或有毒物质泄漏事件而感到惊讶。

由于危险物质具有以下特性：

- 毒性；
- 易挥发性；
- 易燃性；
- 稳定性/反应性。

因此过程安全事故的潜在影响更大，可能导致多人严重受伤，并造成财产损失、生产中断和环境损害等附加影响。

必须控制可能导致多人伤亡或严重环境影响的灾难性事故的风险。正如第1章所讨论的，单个过程安全事故可能导致股东价值的损失，以及清理过程、应急响应、医疗、诉讼、受害者安置等费用，这些费用对于所有规模的公司来说可能是成功与失败之间的关键区别。

过程安全事故和职业安全事故的另一个典型区别在于它们的发生频率。职业安全事故通常发生频率较高，但严重程度较低(见图2.2，象限2)，而过程安全事故通常严重程度较高，但发生频率较低(见图2.2，象限3)。

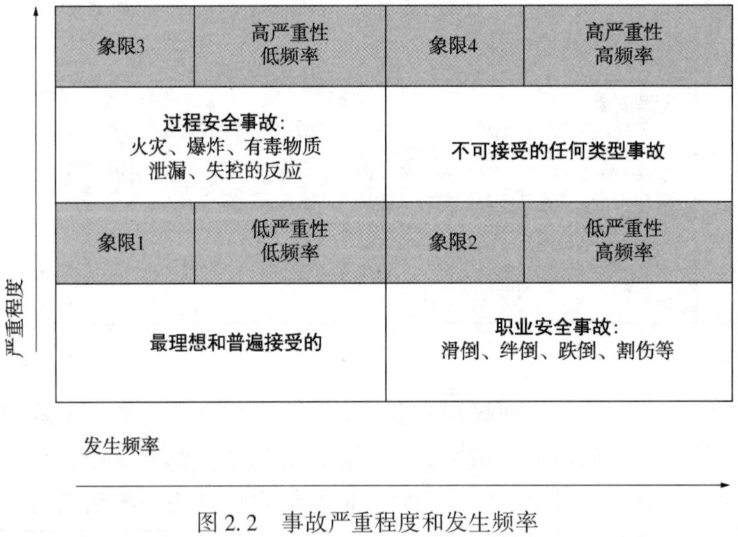

严重程度

象限3	高严重性 低频率	象限4	高严重性 高频率
过程安全事故： 火灾、爆炸、有毒物质 泄漏、失控的反应		不可接受的任何类型事故	
象限1	低严重性 低频率	象限2	低严重性 高频率
最理想和普遍接受的		职业安全事故： 滑倒、绊倒、跌倒、割伤等	

发生频率

图2.2　事故严重程度和发生频率

你可能对职业安全事故有更多的亲身经历，而你可能从未经历过过程安全事故。

由于职业安全事故的发生频率较高，具有可见性和广泛的适用性，以及它们对人员、生产力和保险费率的不利影响，政府已经制定了强有力的法规和标准来防止职业安全事故发生。信誉良好的公司有强大的(职业)安全管理体系、计划和关键绩效指标，专门针对预防和持续减少职业安全伤害。

相比之下，过程安全事故通常发生的频率较低，但可能会有潜在的更严重的后果。过程安全法规(如果存在的话)往往是基于后果的。这使得公司有责任制定适当的控制措施并实施有效的PSMS，而不是简单地实施法规。换句话说，过程安全就像职业安全一样，需要一个管理体系。但是过程安全需要公司和现场特定的控制措施，并且有与职业安全不同的指标。

正如我们所讨论的，减少涉及有害物质的严重事件的频率是你作为领导者的基本责任。这样做有很高的回报，并且可以通过严格地应用PSMS有效地减少严重事件的频率。CCPS(参考文献2.1)指出：

> 由于化学流程工业已经开发出更复杂的方法来改善过程安全，我们已经看到引入安全管理体系来增强过程安全工程活动。
>
> 化工过程安全管理体系是一套全面的政策、程序和实践，旨在确保针对重大事故的防范措施得以落实、投入使用且行之有效。这些**管理体系**(着重强调)有助于将过程安全理念融入参与运营的每一个人的日常活动中——**从工艺操作员到首席执行官**(着重强调)。

CCPS还为实施和改进PSMS提供了良好的资源(参考文献2.2)。

过程安全先导和滞后指标

拥有当前和未来绩效的关键绩效指标(KPIs)对于过程安全的有效管理至关重要。先导和滞后指标允许公司不断提高业绩。先导指标还可以作为未来潜在事件的预测器，并使领导能够了解PSMS的持续有效性以及何时可能需要干预。

CCPS(参考文献2.3和2.4)、美国石油学会(参考文献2.5)和IOGP(参考文献2.18)提供了良好的出版物，帮助公司定义有效管理过程安全的先导和滞后指标。

参考文献2.3和2.4对这些指标的定义如下：

> **滞后指标**：一组基于满足严重程度阈值事件的回顾性指标，这些事件应该作为行业范围内的过程安全指标的一部分进行报告。
>
> **先导指标**：一组前瞻性的指标，用于确定关键工作流程、操作纪律或防止事故发生的保护层的性能。
>
> **未遂事件及其他内部滞后指标**：不太严重的事件(即低于行业滞后指标的阈值)，或激活一层或多层保护的不安全情况。尽管这些事件是实际事件(即“滞后”指标)，但它们通常被认为是可能最终导致更严重事件的良好提示。

CCPS(参考文献2.3)进一步指出：

> 这三种指标可以看作“安全金字塔”不同层次的指标(见图2.3)。

尽管图2.3被划分为四个独立的层级(过程安全事故、其他事故、未遂事件以及不安全行为或操作纪律执行不力)，但依据图中所定义的类别来描述各项指标会更容易一些。

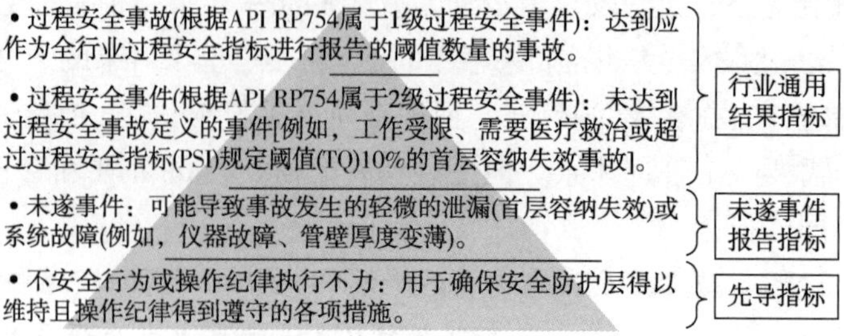

• 过程安全事故(根据API RP754属于1级过程安全事件)：达到应作为全行业过程安全指标进行报告的阈值数量的事故。

• 过程安全事件(根据API RP754属于2级过程安全事件)：未达到过程安全事故定义的事件[例如，工作受限、需要医疗救治或超过过程安全指标(PSI)规定阈值(TQ)10%的首层容纳失效事故]。

行业通用结果指标

• 未遂事件：可能导致事故发生的轻微的泄漏(首层容纳失效)或系统故障(例如，仪器故障、管壁厚度变薄)。

未遂事件报告指标

• 不安全行为或操作纪律执行不力：用于确保安全防护层得以维持且操作纪律得到遵守的各项措施。

先导指标

图 2.3　过程安全指标金字塔

来源：参考文献 2.4。

CCPS 继续建议：

所有公司都将这些类型的指标纳入其内部过程安全管理体系。

作为推动强大的过程安全文化的一部分，你作为领导者，应为关键的 PSMS 要素(参考文献 2.19)设立并监控关键绩效指标：

1. 对过程安全的承诺。
   a. 过程安全政策、期望和风险标准。
   b. PSMS，包括员工参与。
   c. 由公认并被广泛接受的良好工程实践(RAGAGEP)设计的设备。
   d. 与利益相关者沟通。
2. 了解危害和风险。
   a. 过程安全信息，包括化学反应性信息。
   b. 过程危害分析，风险评估和降低风险。
3. 风险管理。
   a. 资产(机械)完整性。
   b. 反应性化学危害。
   c. 操作程序。
   d. 安全作业规范：线路和设备的打开；能量隔离；热工；进入受限空间。
   e. 承包商管理。
   f. 培训和业绩保证。
   g. 变更管理。
   h. 运行前准备。
   i. 操作行为。
   j. 应急管理：准备和响应。
4. 吸取经验教训。
   a. 测量和指标。
   b. 事件报告和调查。

c. 审核。

d. 管理体系评审和持续改进。

2013 年，CCPS 对其会员进行了一次调查。公司使用过程安全先导指标(参考文献 2.6)。关于所使用的先导指标类型，调查得出的重要结论如下：

确保对整个过程安全管理体系(PSMS)范围内的各项行动采取后续措施。

- 审核纠正措施。
- 过程危害分析(PHA)行动。
- 完成对安全关键设备的检查或校准工作。
- 变更管理(MOC)行动。
- 针对意外事件的纠正或预防措施。

利用学习经验并管理偏差：

- 过程安全未遂事件报告，包括火灾情况。
- 对安全体系一般性挑战事件，尤其要明确指出：安全仪表系统以及泄压装置的启动情况。

确保管理层的参与：

- 挑选出与自身运营最为相关的措施，并将其呈递给领导层。
- 将这些措施纳入各类运营审核的议程中，并确保采取行动。

当你实施一套强有力的过程安全管理体系(PSMS)时，它将极大地帮助你降低发生灾难性事件的风险，并有助于预防、减少和消除各级事故中人员受伤、环境破坏以及高额成本的可能性。避免与过程安全事故相关的高额成本，有助于公司的财务稳定，并且能决定一家企业在经营上的成败。

2.2 过程安全是如何工作的：风险降低和风险管理以消除事故

为了降低和管控风险，你首先必须了解工艺中的化学或物理危害，并且根据你的层级，还要了解工艺设计。接下来，你必须识别并评估该工艺及物料所带来的潜在风险。可以从询问以下三个问题入手：

1. 哪里会出错呢？
2. 能有多糟？
3. 这种情况多久发生一次？

这项评估会将现有的或拟设置的安全屏障因素考虑在内。然后，考虑初始事件的频率及屏障的失效率，对风险进行分类或计算。过程安全专业人员通常会根据后果和频率来正式对风险进行分类或计算：

$$风险=f(后果\times频率)$$

如果有机会通过减少或消除危害来降低风险，或者所识别的风险相对于公司风险标准是高的，则需要进行本质安全设计(ISD)评审。ISD 评审将评估更安全的工艺设计或使用更安全的材料。CCPS(参考文献 2.7)为 ISD 提供了很好的参考。

- 大多数工艺需要设置多个屏障来控制风险。
- 属于独立保护层(IPL)的屏障通常更为可靠。
- 所有屏障都必须得到维护。

一旦确定了风险，就必须识别、确定优先级并实施适当数量且有效的风险降低措施。风险降低措施通常被称为屏障。从历史上看，在工艺危害分析(PHA)中确定的屏障被称为安全屏障，而在风险评估中确定的屏障则被称为独立保护层(IPL)。必须对独立保护层(IPL)的故障率(即对需求响应失效的概率)进行正式评估。由于可能没有正式的评估标准，安全屏障的故障率可能更高。在本书中，除非我们明确指的都是“独立保护层(IPL)”或者将“保护”用作动词，否则我们通常会使用“屏障”这一术语。

由于其潜在后果相对较高，包含有害物质的过程单元操作和设备通常有多个屏障，以防止特定的过程安全相关情况。其中一些屏障是由法律要求或标准定义的(例如，机械完整性、变更管理和程序)，或由工艺危害分析或风险评估[如保护层分析(LOPA)]或在某些情况下定量风险评估(QRA)来确定的。

如前文所述，**所有屏障都有失效率。最小化失效率并将其保持在较低水平以防止事故的发生是 PSMS 的目的。**

“瑞士奶酪模型”(图 2.4)通常描述了多重屏障的使用以及它们如何失效导致事故。

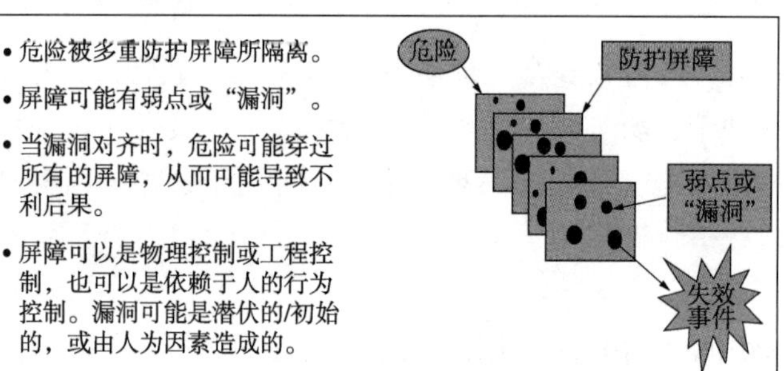

图 2.4　瑞士奶酪模型

实施风险降低措施需要强大的管理体系，以确保在其限制范围内操作屏障，并且/或者在整个流程的生命周期内对其进行适当的检查、测试和维护，并妥善评估变更情况。

当一个设有屏障来预防事故的工厂发生过程安全事故时，从定义上来说，**每一个预防性的屏障及其相关的管理体系都失效了**。

如果屏障得不到妥善管理，风险就会最大化，事故发生的可能性也会越来越高。在一个有记录的案例中，某工厂的机械完整性管理体系薄弱，该公司不得不对处于高危险作业环境的 10 个容器进行更换或降级处理，其频率比行业平均水平高出 10 倍。

事实上，在管理风险时，操作纪律(例如，维护屏障并在其限制范围内进行操作)是非常重要的，我们将使用以下公式(参考文献 2.8，第 14 页)：

风险=f(后果×频率/操作纪律)

过程风险降低和风险管理(满足法律要求、公司风险准则和标准)是**基层管理部门和业务管理部门的直接责任，也是管理绩效的重要衡量标准**。高管有必要通过总体的PSMS评审来跟踪降低风险的进展。管理体系评审在第4.4.4部分中讨论。

2.3 从事故中吸取教训

要点：过程安全事故直接反映了一个设施或公司过程安全管理体系(PSMS)的效能，并清楚地表明了其失效之处。每一起事故都是一个在现场、业务或公司层面学习并提高过程安全管理体系有效性的机会。很多时候，这些学习和改进经验可适用于整个行业。

- 高事故发生率表明过程安全管理体系(PSMS)的有效性出现了系统性缺陷。
- 这需要立即进行干预。

同样重要的是，人为失误的后果可能是即时的，也可能是延迟的。显性失误会产生即时后果，通常是由基层人员，如操作员或维修技术员造成的(例如，不遵循操作程序，在恢复管线运行时未关闭阀门等)。隐性失误则是由那些在时间和空间上与实际操作活动相分离的人员造成的，比如设计师或决策者(管理人员和高层领导)。

潜在故障发生在执行过程安全标准或工作过程中，并且通常是隐藏的。例如：

- 设备和设施设计不当；
- 培训效果不佳；
- 程序不清晰；
- 监管不力；
- 沟通不畅；
- 资源(如资金、人员和设备)不足；
- 岗位和职责不明确。

无论失效是显性的还是隐性的，都应该有一个管理体系来控制屏障的有效性，并防止事故的发生。再次强调，当设施发生过程安全事故时，**根据定义，每个旨在防止事故发生的预防性屏障(以及与其相关的管理体系)都未能发挥作用**。每个负责在此处实施管理体系的相关职能经理都应承担责任，要对此处实施的管理体系失效负有直接责任：**调查直到找出管理体系失效的地方，然后解决**。

屏障减弱或失效?

屏障旨在预防任何严重程度的事故，并且应该经过测试和/或检查以达到验收标准。无论何时发生物料的少量或大量泄漏，指定的预防性屏障就失效了。

过程安全文化核心原则

调查过程(另一项PSMS要素)必须包括以下有效的根源调查(RCI)的基本原则：

1. 查明每个必要屏障失效的原因，包括以下两方面：
   a. 法规和标准所要求的屏障；
   b. 经危害/风险评估验证的屏障。
2. 查明每个屏障管理系统失效的根本原因。
3. 让负责实施各失效管理系统的职能部门参与进来。
4. 为每个失效的屏障及失效的管理系统制定纠正措施。
5. 为管理系统的纠正措施明确适当层级的职能归属。

确定每个管理体系失效的理由在于：一个管理体系可能涵盖数百甚至数千个保护层。**如果发生了一起事故而管理体系未得到修复，那么该事故极有可能再次发生**。例如，如果一起事故是因为在管理体系中对保温层下的腐蚀情况判定有误而发生的，只对一台设备进行修复而不纠正管理体系以及对相关适用设备进行跟踪处理，对于防止类似事故再次发生毫无作用。

让合适的人员参与调查或后续的纠正措施：让负责实施已失效管理体系的职能部门参与进来，以便：

- 准确识别管理体系的失效之处；
- 纠正措施分配恰当的负责人。

该职能部门能够确定管理体系所需的恰当纠正级别，并推动改进工作。在某些情况下，只需在单个设施层面纠正管理体系。而在其他情况下，则需要在整个厂区、业务部门或整个公司范围内对管理体系进行纠正。

现在让我们来思考一下未遂事件报告和调查的重要性。过程安全未遂事件(PSNM)报告提供了一个吸取宝贵经验教训的机会，这些经验教训可以防止未来发生更严重的事故。

进一步加强过程安全未遂事件报告程序，是为了有机会提高从潜在高后果的过程安全未遂事件中吸取的经验教训，识别、调查和利用最有潜力的事件。对公司内部的重大影响最能进一步加强和推动持续的过程安全绩效改进。

未遂事件是一份礼物——简直是送到眼前的大礼！

把未遂事件看作“差点酿成大祸”的情况，要不是运气好，它们本可能成为严重事故。对于相关设施、技术、业务部门或公司而言，它们是宝贵的礼物，提供了发现过程安全管理体系(PSMS)漏洞并加以修复的机会，而且不会造成人员伤亡或财产损失。

潜在高后果的过程安全未遂事件(HP PSNM)是一种过程安全未遂事件，如果情况略有不同，或者，如果多个屏障发生故障，则该事件可能具有最高的死亡可能性、重大的时间损失或重大的社区影响。

潜在高后果的过程安全未遂事件(HP PSNM)管理应为一项技术，为一家企业乃至整个行业在强化关键防护层方面提供重要的学习价值。HP PSNM 报告流程的要素应包括：

1. 立即向业务部门、技术部门和相关企业领导报告事件。
2. 正式的根本原因分析。
3. 编写学习经验报告，以便在各技术部门和相关场所(如适用)分发。

4. 对以透明的方式进行报告且有深刻见解的设施所在单位予以正面肯定。

事件调查结果和企业记忆

当你的公司或你所操作的技术发生重大事件时，将这些教训整合到你的公司记忆中是至关重要的。

以下是一些公司实施的实践例子，以帮助他们记住经验教训：

- 制作了一个“时间回顾”视频，总结并提供了每个内部和可相关的外部事故的图片，并将它们与当今实践中的 PSMS 和标准相关联，以防止同样的情况发生。作为过程安全培训课程的一部分，要求各级人员观看该视频。
- 制定了具有严格技术和操作要求的特定技术“黄金规则”。事件摘要和图片支持这些规则。按规定的频率提醒所有人员这些规则。
- 将现场速度限制在每小时 17 英里，以提醒人员该事故造成 17 人死亡的事实。人员定期接受有关该事故的原因及其必须采取的措施的培训。
- 爆炸后，留下的碎片被留在原地，嵌入墙内。同样，人员接受有关该事故的培训，碎片和障碍物则作为视觉提醒，提醒他们在流程中可能存在的潜在能量。

你必须努力确保你的企业记忆建立在你和第三方事件的基础上。你必须继续教育员工，让他们了解这些事件如何影响了公司的标准、程序和做法。作为一种资源，你有责任将这些方法作为资源保持更新，并在整个资产生命周期内传达这些信息。

2.4 个人领导责任

过程安全文化核心原则

领导力通常被定义(参考文献 2.9)为：“领导一群人或一个组织的行为。”鉴于操作处理和/或加工危险物料具有灾难性的潜在风险，这种行为体现了要承担个人责任，以**遵守过程安全的技术和道德标准**。换句话说，领导者在实施、运营、维护和验证过程安全管理体系(PSMS)方面必须具备**专业**素养。

专业的过程安全领导力适用于生产或处置危险物料公司中的大多数岗位。除明显的生产线和职能岗位外，工程、人力资源和研发部门都有过程安全责任，必须由专业人员进行管理。专业地管理过程安全需要各层级领导力，并持续关注以下几点：

- 获得并维护公司处置危险物料的隐性社会经营许可证。
- 掌握所涉及物料危险性/风险的相关知识。
- 确保了解公司的风险标准，并确保为满足风险标准而采取的措施得到落实。
- 验证 PSMS 的执行情况，确保坚固屏障有效。
- 不断学习和改进 PSMS。

在生产或处理危险物料时，**CEO、董事会及其董事**作为组织的领导者，**应保护员工和社区的安全，并为应对紧急情况做好充分准备**。换句话说，**领导者有义务维护他们公司的隐性社会经营许可证**。正如第 2.1 节所述，PSMS 是一套全面的政策、程序和实践框架，旨在确保防止重大事故的屏障得到实施、使用和有效发挥作用。

这意味着所有员工，从首席执行官到生产操作员，都必须了解自己的岗位，并对危害和风险、公司风险标准以及满足风险标准所需设置的屏障有适当的了解。这也意味着所有员工都有直接责任对 PSMS 绩效进行适当的验证和持续改进，以确保操作能够以专业、无事故的方式进行。

领导者还必须在适当的层面上采取适当的行动，以确定何时引导、管理或上报在执行各自职责时产生的问题。引用彼得·德鲁克的话："管理就是做正确的事情。领导就是做正确的事。"这两者都是执行 PSMS 的基本属性。下面的表 2.1 给出了几个岗位的领导力问题的一个例子。我们将在第 5 章更全面地研究推荐的岗位、职责和文化互动。

表 2.1　岗位职责示例

管　理	引　领	上　报
EX 高层管理人员		
审查业务或现场进度，以满足公司风险管理标准	确保采取适当的资源和资金来减少风险	向董事会通报情况，并为未能按计划达到公司降低风险预期的业务部门和工作现场制定行动计划
ML 运营经理(一个或多个基地中的多个设施)		
审查设施的风险削减行动计划的进展情况，以满足公司的风险标准	确保为设施的风险削减和事故纠正行动提供适当的资源和资金	如果设施未能按计划实现风险削减，请及时向高层管理人员报告并制定行动计划
FL 生产经理		
确保在恰当的时间停用压力设备，以进行检查和测试	确保不合格的压力设备得到评估，确定是否适合继续使用，并根据需要进行维修，即使这意味着必须停产	在问题得到解决之前，应将设施停用，并向管理层通报情况以及可能需要的任何额外资源
ML 工程负责人		
支持或负责关键项目或针对主要潜在后果设置的屏障[例如，设备设计、维护以及公认的且普遍接受的良好工程实践(RAGAGEP)]	确保工程人员遵守公认且普遍接受的良好工程实践(RAGAGEP)的设计和维护标准	通知高级主管和运营领导并确保有重要的经验教训事故中有关设计缺陷通过组织加以利用
工厂操作员		
在将设备投入使用之前，按照适当的程序进行检查，以确保遵循启动程序	确保跟进在启动前发现的问题在设备投入使用之前得以解决	一旦发现预启动检查问题影响启动，应立即向生产领导层报告

续表

管　理	引　领	上　报
 维修技术员		
对安全仪表系统进行测试、检验和校准，确保其符合使用要求	确保跟进对安全仪表系统测试、检验和校准中发现的问题进行跟踪处理	一旦在安全仪表系统的检验、测试和校准中发现问题，应立即向负责人报告，以防止设施停止运行
 过程安全专家		
审查重大事件(内部或外部)和接近失效的 PSMS 未遂事件	确保采取适当的管理体系(MS)纠正和预防措施实施	确保在公司内部和外部进行适当的知识和实践利用

当领导者以专业的方式管理和领导过程安全管理体系(PSMS)时，就会形成一种强大的文化，这种文化将持续提升过程安全绩效。过程安全文化被定义(参考文献 2.19)为："在一个设施内或更广泛的组织中各个层级共有的一套影响过程安全的价值观、行为和规范。"从本质上讲，一种强大的文化能促进开放氛围，确保对各项行动的问责，并能在必要时让组织内各个层级将问题进行提级处理。

2.5　经济衰退和繁荣时期：特殊过程安全领导力挑战

在经济衰退期间，过程安全事故往往发生得更频繁。马什麦肯南集团(参考文献 2.10)的一项研究发现，油气生产和炼制的最大损失发生在油价相对较低的时期。

更普遍地说，第 1 章图 1.2 显示，一家公司的股价(相对于其股票市场指数)甚至在重大事故发生之前就开始呈下降趋势，其下降速度被事故加快。

这种相关性是显而易见的。当企业面临财务挑战时，管理者会努力削减成本。削减成本可以采取多种形式，包括减少人员和推迟维修和培训。在不稳定且对操作人员来说不太熟悉的条件下，工厂的运行速度也可能降低。

如果在进行这种削减时不考虑对维护屏障的影响，屏障可能会恶化和失效。事实上，盲目地削减成本是多重防护屏障失效的一个主要根源。

显然，在经济低迷时期，领导者需要更加关注过程安全。这并不意味着你应该避免必要的成本削减。但这确实意味着你需要仔细确保削减不会损害你为满足公司风险标准而设置的屏障。

这可以通过基于知识、经验和远见的彻底分析来完成(参见《组织变更管理》第 3.2.3 节和第 4.3.1 节)。一些分析与人力资源有关，但相当多的分析需要工程专业人员进行研究。也可能有法律要求，可能会规定不能削减的人员配备水平和活动。评估需要考虑以下几个关键点。

削减人员

某些职位被认为对过程安全至关重要。这可能是因为这些职位需要专业知识。或者，这个职位可能是过程安全管理体系(PSMS)中的关键环节，比如变更管理(MOC)协调员或者批准临时联锁旁路的人。

如果要由外部专家替代具有专门知识的人员，则应提前确定专家并进行资格预审。要记住，内部的一些经验可能太有价值或太专业，无法转移给外部专家。

确保将下岗人员的所有过程安全职责转移给其他有必要的知识、技能，特别是有时间来履行这些职责的人。组织变更管理必须使用来确保关键任务和责任不会被遗漏。在这个过程中，能力矩阵的概念可以成为一个有用的工具。CCPS(参考文献 2.11)为这项任务提供了很好的材料。

检查、测试与预防性维护(ITPM)

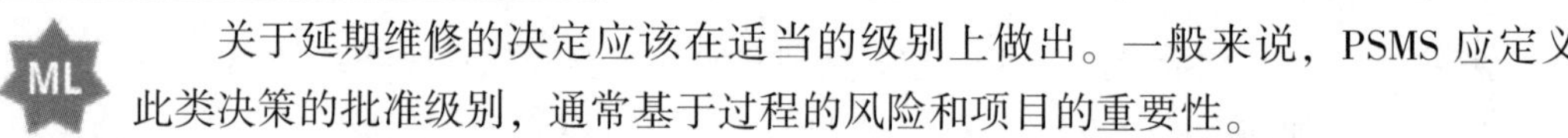

关于延期维修的决定应该在适当的级别上做出。一般来说，PSMS 应定义此类决策的批准级别，通常基于过程的风险和项目的重要性。

在某些情况下，ITPM 间隔可能是粗略判断设置的，并且过于保守。尽管如此，在没有专业分析的情况下，不应该延长 ITPM 间隔。分析应该由具有适当专业知识的人遵循正式的延迟评估过程。分析应证明延长的间隔不会危及安全。

有些设备，如安全阀和安全仪表系统，可能有特定的 ITPM 标准或规定，必须满足这些标准或规定。ITPM 的时间间隔不能超出这些标准或法规的规定。

培训

基于风险推迟培训。专业发展和交叉培训可以推迟。然而，如果一个屏障的完整性取决于定期的进修培训，那么这种培训就不应该推迟。考虑到事故在经济衰退期间更有可能发生，应急响应培训不应减少。请记住，法规规定了某些类型的培训时间表，这些不能推迟。

过程危害分析

一般来说，不应该推迟过程危害分析，无论是新过程、变更管理还是再验证。对于风险较低的过程和过程危害分析再验证只有很小的变化，可以考虑采用更精简的过程危害分析方法。这样的决定应该是由具有适当专业知识的个人根据过程危害分析方法选择过程做出。监管要求也可能限制替代过程危害分析方法的使用。CCPS(参考文献 2.12)可以帮助你开发适合你公司的过程危害分析方法选择程序。

特别注意避免给过程危害分析团队带来不必要的时间压力。这可能会导致走捷径和忽视潜在的危险情况。同样，避免过程危害分析工作过载。大多数人在 6h 后，注意力和效率都会下降。要求过程危害分析团队每天持续工作 8~12h 可能不会显著提高工作效率，并且可能由于疲劳或注意力不集中而导致错误，从而导致未识别的危害和未评估或未解决的风险。

自动化

如果你能够提前足够准确地预测出即将出现的缩减人员的需求，那么流程和管理任务的自动化可能是减少员工的有效方法。请记住，自动化可能会增加 ITPM 和软件维护方面的需求。因此，虽然自动化可能有助于减少操作和管理人员，但 ITPM 和系统管理人员可能需要有所增加。

自动化故障机制确实不同于人为故障。因此，你基于人工操作人员的初始风险分析将需要由风险分析专家更新，以验证该过程仍然符合你的风险标准。

本质安全设计(ISD)

某些本质安全的设计方案(参考文献 2.7)，尤其是减少库存、反应釜容积以及反应速率，在经济衰退期间或许较易实现，并且可能降低过程安全风险。倘若专业分析表明，进行这些削减后能够满足企业风险标准，那么就有可能减少操作人员数量或降低防护屏障要求。

经济衰退期领导者面临的特殊压力

在经济衰退期间，领导者可能会面临推行新举措以改善财务状况的压力。这些举措可能会耗费大量的时间和精力，有可能会导致他们在过程安全职责方面分心。领导者和员工一样，也可能会因为担心自身工作的稳定性而分心。

这两种分心的情况都应该自上而下积极地加以解决。高管们应该调整工作重点，以确保领导者和员工不会因其他优先事项或担忧而在过程安全职责方面分心。这一点应该在基层得到贯彻和支持。领导者还应该特别努力地与员工进行互动，让他们了解裁员等相关举措的情况，并提供个人层面的支持。

经济好转和扩张也会带来类似的挑战

当产量增加时，过程安全绩效也会下降。这可能发生在经济衰退后的经济复苏，在业务显著增长的时期，也可能发生在从多个现场到一个现场的整合期间。

在这样的经济复苏期间，资源可能会捉襟见肘。这通常需要增加人员。

然而，重新雇用的人员可能会生疏，新增人员可能不会很快被雇用来填补空缺。新员工将需要培训和经验来完全跟上速度。而且，由一名员工承担的多项职责可能会被分配给其他员工。这会导致责任和任务的混淆。

注意差距

在经济面临负面和正面压力期间，PSMS 所要求的与领导者所接受的之间可能会出现差距。随着差距的扩大，风险也会增加。要警惕盲目接受较大风险的倾向，并且要针对新情况实施恰当的风险控制措施。

在经济繁荣时期，操作过程可能会接近安全运行极限，而操作人员可能会试图超出这些极限。领导人应该支持变更管理制度，帮助变更管理协调员顶住压力，缩短变更管理进程。当将操作过程推向安全操作极限时，变更管理变得比以往任何时候都更加重要。

2.6 合规性：必须，但还不够

目前大多数国家至少有一项法规以某种方式解决过程安全问题。这些法规通常是明智的，而且往往是有益的。然而，作为领导者，你需要明白，仅遵守法规和标准并不能管理控制你的危害以满足你的风险标准屏障。那些认为只遵守法规就能保证公司安全的领导者往往大错特错。

这就是为什么：

你的风险不受监管

法规的存在不是为了控制单个公司的风险，充其量，它们的存在是为了控制整体的社会风险。在最坏的情况下，它们可能只是用来提升政治家和倡导者的形象。因此，法规规定了包括某些材料、流程、危险性和库存在内的条件而排除了其他条件。排除在监管覆盖范围之外的条件可能是因为以下因素：

- 业务量小而使用率低；
- 比一般情况下的存储量低；
- 难以确定危险特性(如潜在失控反应)；
- 游说活动。

如果你有不受监管的物质或工艺，你的设施可能完全符合规定，但未能充分管理这些危险，以满足你的公司风险标准。

"纸面上"的合规并不一定是真正的合规

合规需要"书面记录"(或其电子版本)向监管官员证明结果。然而，执法检查很少发生，检查人员往往不会深入调查书面合规情况。

纸面合规检查：文件无法保护你的人员或工厂，定期检查现场，确保规范和专业性，与书面工作相符合。

但是，即使你的文件资料是完美的——它应该是完美的——文件不能也不会保护你的人员和你的设施。只有当你和你的团队专业地执行公司的 PSMS，在明确的约束下运作，以规程的方式维护你的屏障，并验证所有这些都使你能够在你的风险标准内运作时，才会安全。

事实上，过度依赖书面合规(或其电子文档)可能会导致事故。偏离的常态化(见第 3.3.4 节)如果不积极预防，可能会导致人员"机械化打钩记录"心态，即文件显示了合规性，但并不代表现场的现实状态。

法规不完善

世界各地的法规往往以欧洲、日本、英国或美国制定的方法为模板。监管专家经常争论哪种监管方法更好。事实上，每种方法都有其优点，但也会有差距。因此，你的设施或公司可能符合规定，但仍未能有效地执行管理风险所需的关键步骤。

欧洲法规往往最注重良好的容器设备设计和员工知识。但他们在工艺的其他部分较弱，而且往往高估了人的可靠性。英国的法规侧重于让管理人员对"安全场景"负责，虽然这是一个很好的想法，但安全场景本身可能缺乏足够的细节和严谨性。美国的法规非常实用，技术性强，内容丰富。但是，尽管在规章的名称中包含了"管理"，美国的规章并没有包括对经理或领导的要求。此外，他们限制了对有害物质清单的适用性，而没有明确涵盖许多有害物质、可燃粉尘、化学反应性危害和其他危险条件。

在世界上的任何地方，法规都可能给运营和业务经理留下这样的印象：他们不必管理过程安全——监管机构有责任。这是完全不正确的。

监管方面的管理差距正在开始缩小。世界各地的监管机构正在寻找方法，将高管和运营负责人因事故而承担的刑事责任固定下来。以下是一些例子：

> 新出台的法律规定：当事故发生时，领导人员负有刑事过失责任。

- **澳大利亚**：石油和天然气设施，管理人员被指定应熟悉并控制其运行的过程安全管理体系。如果一个事件伤害员工、公众或环境受到损害，经理可被认定为过失犯罪(参考文献 2.13)。
- **中国**：由于天津港仓库爆炸导致 173 人死亡，首席执行官被判处死刑。另有 48 名公司和政府官员被判处较轻的刑罚(参考文献 2.14)。
- **欧洲和英国**：公司过失致人死亡的法律目前正在兴起。钢铁公司蒂森克虏伯(ThyssenKrupp)的德国籍总裁在意大利法院被判有罪，被判处 16 年监禁，罪名是 7 名工人因火灾死亡(参考文献 2.15)。
- **美国**：自由工业公司总裁和另一名高管因疏忽化学品泄漏导致大面积饮用水污染而被判入狱一个月。其他几个人被判缓刑(参考文献 2.16)。

监管机构既不是无所不知，也不是无所不在。

即使法规似乎解决了你设施中的所有危害，也不应该因为监管机构没有发现问题，就认为你的风险管理令人满意。检查人员不可能像你一样了解你的工艺，因此很可能会忽略你安全绩效中的差距。此外，实施监管检查的时间很短。在为检查做准备时，可以暂时填补空白，而在检查之间又可能出现新的空白。

综上所述，遵守规定是必要的，但本身并不足以保证过程安全。过程安全的成功需要强有力的领导、文化和管理体系来执行。

- 所有必需的活动。
- 在约束条件下运作。
- 维护屏障。
- 验证绩效性能。

2.7 管理制度：有帮助但并非万能

公司越来越多地实施自愿性共识管理标准，包括 CSA Z767(加拿大)、ISO 14001(全球)、OHSAS 18001(全球)、RC 14001®(USA)和 RCMS®(USA)，这些标准通常定义了法规缺乏的严格管理体系框架(见第 4 章)。

OHSAS 18001 和 ISO 14001 分别主要用于管理职业安全和环境影响。RC 14001 和 RCMS(责任关怀管理体系)都是由美国化学理事会建立的，并得到了其他国家贸易组织的支持，它们广泛涉及环境保护、职业安全、过程安全、健康和产品管理。

但是，仅仅拥有这些管理体系中的一个或多个并不能保证你充分控制了你设施的危害，达到了你的企业风险标准。这些标准只是框架。如果活动的管理体系不完善，危害将不受控制。例如，如果法规遵从性(参见第 2.6 节)在管理体系结构中实施，你将对合规性有更大的信心。但是第 2.6 节中讨论的问题仍然存在。尽管如此，这些框架对于管理过程安全是有用的。但是你需要确保它们涉及整个过程按照公司的风险标准来管理风险所需的安全要素。

RC 14001 和 RCMS 都通过补充过程安全规范(参考文献 2.17)帮助确保完整性。本准则确定了 6 项具体的领导实践，但明确指出公司必须实施全面的 PSMS。

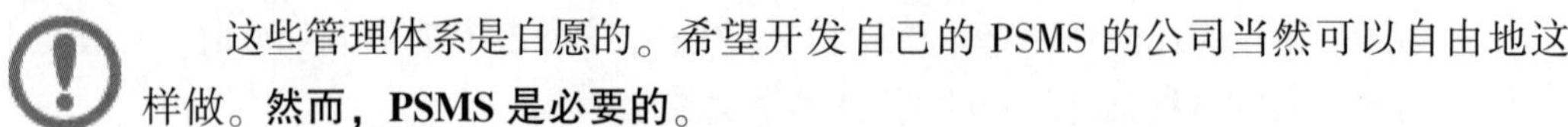

这些管理体系是自愿的。希望开发自己的 PSMS 的公司当然可以自由地这样做。**然而，PSMS 是必要的。**

书面合规性可能是自愿共识标准管理系统的一个陷阱。大多数标准需要外部审计来验证绩效。然而，这种审核也可能无法超越"书面文件的合规性"，这取决于审核人员的专业知识。因此，未管理的风险很可能会被遗漏。为避免此类问题，应由专家进行审计，并将绩效与企业风险标准进行比较。

参 考 文 献

2.1 CCPS, *Guidelines for Technical Management of Chemical Process Safety*, American Institute of Chemical Engineers, New York, 1989.

2.2 CCPS, *Guidelines for Implementing Process Safety Management*, *Second Edition*, American Institute of Chemical Engineers, New York, 2016.

2.3 CCPS, *Guidelines for Process Safety Metrics*, American Institute of Chemical Engineers, New York, 2010.

2.4 CCPS, *Process Safety Leading and Lagging Metrics*, American Institute of Chemical Engineers, New York, 2011.

2.5 API, *ANSI/API-RP754 Process Safety Performance Indicators for the Refining and Petrochemical Industries*, 2017.

2.6 CCPS, *Process Safety Leading Indicators Industry Survey*, American Institute of Chemical Engineers, New York, 2013.

2.7 CCPS, *Inherently Safer Chemical Processes: A Life Cycle Approach*, American Institute of Chemical Engineers, New York, 2010.

2.8 CCPS, *Guidelines for Integrating Management Systems and Metrics to Improve Process Safety Performance*, American Institute of Chemical Engineers, New York, 2016.

2.9 Google.com, *Dictionary*, 2018.

2.10 Marsh Ltd., *The 100 Largest Losses 1974-2015*, London, 2016.

2.11 CCPS, *Guidelines for Defining Process Safety Competency Requirements*, American Institute of Chemical Engineers, New York, 2015.

2.12 CCPS, *Guidelines for Hazard Evaluation Procedures*, *3rd Edition*, American Institute of Chemical Engineers, New York, 2008.

2.13 Safe Work Australia, *Guide for Major Hazard Facilities: Safety Management Systems*, Canberra, 2012.

2.14 www.foxnews.com, *Chinese Businessman Given Death Sentence in Tianjin Blast*, 9 November 2016.

2.15 www.industrial-union.org, *Thyssen Krupp CEO for Italy Convicted on Deaths*, 20 April 2011.

2.16 www.wsaz.com, *Former President of Freedom Industries Sentenced to* 1 *Month in Prison for Chemical Spill*, 17 February 2016.

2.17 ACC, *Process Safety Code of Management Practices* 2012 *and implementation guide* 2013.

2.18 IOGP, *IOGP Report* 456, *Process Safety-Recommended Practice on Key Performance Indicators*, 2011.

2.19 CCPS, *Guidelines for Risk-Based Process Safety*, American Institute of Chemical Engineers, New York, 2007.

3 领导特质

第 1 章借助定量和半定量的利益分析，对过程安全的重要性进行了简单的论证。第 2 章解释了领导过程安全的基本概念，突出了领导者的关键点，并澄清了一些常见的误解。从这一章开始，我们叙述这个问题的回答过程，“现在，作为领导者，我必须做些什么来实施这些概念，以便我们能够实现这些收益?”

对于领导者来说，要履行他们的过程安全责任，他们必须表现出在其他业务领域取得成功所需的领导特质。本章将讨论领导者如何运用这些属性来推动强大的过程安全文化和纪律严明的管理体系。

我是过程安全领导者吗?

是的! 从董事会和总裁到工程师和操作人员，每个人都有过程安全领导的责任。这些职责因级别和岗位而异，将从本章开始详细说明。

本章的讨论将遵循图 3.1 所概括的结构。

创造一个共同的愿景	建立知识、能力和培训	表现出正直和承诺	鼓舞性
•建立过程安全必要性 •动态保持必要性 •推动执行必要性	•取得社会经营许可证 •培养个人能力 •发展和授权他人	•展现勇气和信念 •勇于承担责任 •积极回应 •保持一致性	•保持可见和联系 •驱动文化

图 3.1 领导特质概述

3.1 创造共同的愿景

正如第 1 章第一段所讨论的，保护工人、公司资产、公众和环境是一项道德要务。作为领导者，你应该首先承担起这一义务，并让它指导你以正直的态度履行你的过程安全角色。要确保你的行动和言语反映这种义务。你应该在整个组织中贯彻这一原则。

建立过程安全的必要性。把它体现在你的行动和言语中。在整个组织中推动这一要求。获得经营的社会许可。

3.1.1 建立过程安全操作纪律

强大的过程安全文化始于过程安全的必要性(参考文献3.1)。作为领导者，你必须认识到：

- 过程安全事故的潜在后果；
- 预防和减轻事故所需的控制和屏障；
- 你对PSMS和文化的最终责任；
- 你的职责是验证绩效并推动持续改进。

在此基础上，你必须制定共同的愿景、政策和期望。

高层管理人员必须了解公司可能出现的最坏情况，并保持明智的敬畏。高层管理人员还必须了解、支持并核实为防止这些后果而实施的关键项目。最终，他们为公司定下基调。

中层管理人员必须对最严重的潜在后果有更深入的了解。他们必须执行关键程序，并确保这些程序正常运行。他们应该按照高管传达的基调行事，作为其他人效仿的榜样。

基层管理人员需要深入了解潜在的后果，并直接管理关键屏障。与生产人员打交道的基层领导需要使过程安全势在必行成为现实。

基层员工需要理解在他们的领域可能发生的潜在后果。他们还需要将过程安全的必要性变为现实。这意味着当过程不安全或他们不确定时停止工作或停车。这也意味着质疑他们主管的指示，并在他们感到安全必要性可能弱化的时候顶住压力。

你可能会想：“我已经认识到过程安全的重要性，并且有人负责来管理它。我想我可以跳过这一部分。”但是请继续往下读。经验丰富的领导者知道，过程安全的必要性不断受到挑战。因此，所有领导者都必须定期激励自己，确保过程安全的必要性始终放在他们的脑海中，并在各个层面保持强制性。

> **难道没有专人负责吗?**
> 如果你只是对过程安全“表示支持”，而没有通过你的领导和管理行动将其确立为势在必行，你的组织就不会将过程安全作为当务之急。

事实上，董事会和首席执行官建立过程安全势在必行。他们为组织设定了广泛的目标和标准。然后，首席执行官可能会与其领导团队进行商议，通过执行职能分配职责和责任决议。然后，每个高层管理人员可能会审议并授权其团队成员，以此类推到工厂车间。

在一些公司，通过领导团队的讨论，过程安全的必要性可能会得到加强。在另外一些公司，领导者可能会通过自我反思和研究，内部强化自身的过程安全义务。理想情况下，你应该两者兼顾。

作为整个公司风险管理系统的一部分，过程安全的必要性应该得到明确界定的过程安全政策的支持。此外，高层管理人员应该主导一个过程安全风险审查过程，并考虑以下因素：

- 正式的风险标准，以助力明确目标并确保工作的一致性；
- 过程安全风险降低目标和计划；
- 审核以评估过程安全风险是否得到妥善管理；
- 调查严重事件和可能造成高危害后果的未遂事件(HPNM)，并评估从外部事故中吸取的教训；
- 公司根据上述情况，改进了以下领域并制定了相应的目标和计划。

> 无论你的职位如何，过程安全的关键在于你。

董事会和首席执行官是如何实施过程安全这一要求的呢？这一过程可以从组织中的任何领导层开始。较低级别的领导者可以向他们的同事和上级领导者介绍这一要求，然后他们又会将这一要求上、下、横向地传播到整个组织中。无论你的职位如何，过程安全的要求都始于你。

3.1.2 在言行中体现要求

如果你的组织里有人向你报告说一个单位由于设备故障而停工，你会如何应对？毫无疑问，你会立刻想到下面这样的问题：

> - 言行一致。
> - 说到做到。
> - 带着真情实意去表达。

- 我们还要多久才能重新开工？
- 修理要花费多少钱？
- 我们的库存是否足以维持停工期间的运营？

这些问题很重要，我必须回答。但最好先问这些问题：

- 有人受伤吗？大家还好吗？
- 我们知道事故是如何发生的，以及如何防止类似事故再次发生？
- 我们怎么知道重新开工是安全的呢？

在这类情况下，如果你首先提出的问题聚焦于过程安全，那你将会有力地彰显其重要性。在现实世界中，生产人员无须他人提醒便深知恢复生产线的重要性，这种动力是其工作职责自带的。但如果不加以约束，这种动力可能会诱使他们采取不安全的捷径，或者在尚未完全了解问题之前就重新开工。作为领导者，你必须从更宏观的角度出发，其中就包括要重视过程安全的必要性。

无论你使用哪种方式进行沟通，你的团队都应该清楚地知道你期望安全的行为、行动和决策。同样，要明确表示你不会容忍不安全的行为，如走捷径、未经批准地省略一些步骤和未能履行过程安全责任。

有两个陷阱可能会让领导者在试图加强过程安全的必要性时出错。

陷阱 1：言行不一致

即便你激情满满地谈论过程安全，你的行为和决策也可能会在不经意间自相矛盾。例如，如果出现以下情况，你的团队会作何感想呢：

- 不批准购买对安全至关重要的设备，或者未能雇用到安全操作所需的人员？
- 为了完成订单而取消必要的安全培训？
- 不认可积极的安全行为？

- 不纠正负面行为？
- 奖励采取捷径的高效员工？
- 对为防止潜在过程安全问题而停车的员工进行事后指责？
- 在没有对临时管控措施提出解决方案的情况下，就批准摘除一个关键的安全联锁？
- 设定过多无法实现的目标，迫使团队从中做出选择？

科慕化学公司总裁兼首席执行官马克·韦尔尼亚诺简洁地说道："（过程）安全必须成为一种执念——是我们每天都要思考、教导并宣扬的事情。"

陷阱 2：语气与话语不符

如果团队成员不相信你是真诚的，你也无法让他们认识到过程安全的必要性。你的真诚可能会因你的语调、肢体语言或缺乏同情心而大打折扣。

简言之，你需要对过程安全有一种情感上的投入，否则你的非言语暗示会出卖你。正如塞拉尼斯公司前执行副总裁詹姆斯·奥尔德所说："我可以向你保证，如果你对过程安全没有那种情感上的投入，要多年如一日、每周 7 天、每天 24 小时持续保持这种重视是很困难的。没人能伪装那么久。你必须从情感上有所感受，并且真心希望人们不会受到伤害。你必须愿意在此基础上采取行动并确定优先级。"（参考文献 3.2）

3.1.3 将这一必要性贯彻到整个组织中

- 确立期望；
- 营造文化氛围；
- 建立过程安全管理体系（PSMS）；
- 管理、跟踪并核实；
- 进行改进。

只有当过程安全成为公司各层级日常工作的一部分时，公司才会对过程安全产生迫切需求。正如上面所提到的，这种迫切需求可能始于任何级别的领导层。但从长远来看，要使过程安全得到持续的推动，必须由总裁主导，并得到董事会的支持。

建立期望

基于领导层共有的过程安全愿景，领导者们应当制定、实施并管理各项政策、标准和规范。与之相关的细节将在第 4 章和第 5 章中讨论。然而，只有当领导者们坚持并核实这些政策、标准和规范的使用情况，然后据此采取行动并确定优先级时，它们才会成为预期要求。

营造文化氛围

文化始于对过程安全的迫切需求，并与领导力紧密交织。正如过程安全比职业安全更为复杂一样，过程安全文化也比职业安全文化更为复杂。美国化学工程师协会化工过程安全中心（CCPS）关于过程安全文化的指导意见（参考文献 3.1）源自化工流程工业以及包括核工业和航天飞行在内的其他高风险行业的经验教训。该参考指导意见明确了 10 条过程安全文化核心原则，旨在为希望在全公司范围内广泛加强文化氛围的领导者们提供指导。

相较于其在改善文化方面的用途，更为重要的是，这些核心原则必须为领导者履行其过程安全职责指明方向。因此，如表 3.1 所示，这些核心原则将贯穿本章内容。

表 3.1 过程安全文化核心原则

核心原则(参考文献 3.1)	见章节
1. 建立过程安全的必要性	3.1.1
2. 提供强有力的领导	3.3.2
3. 培养相互信任	3.3.3
4. 确保开放和坦率的沟通	3.4.1
5. 保持脆弱感	3.2.1
6. 了解危害和风险并采取行动	3.3.2
7. 赋能他人以使其成功履行过程安全职责	3.2.2
8. 尊重专业知识	3.3.3
9. 抵制偏离的常态化	3.3.4
10. 学会评估和提升文化	3.2.2

上述核心原则大致按照实施的先后顺序(或考虑改进的先后顺序)列出。文化变革——无论是过程安全还是任何其他业务计划——都可能是困难的。作为领导者，你的职责是有目的地引导组织通过文化变革，并激励其他人适应新的文化。

建立过程安全管理体系(PSMS)

工业界存在许多过程安全管理体系(PSMS)。有些基于法规，有些基于已发布的最佳实践，还有很多是根据经验和文化在企业内部自行开发的。这些体系可能被纳入如第 2.7 节所述的自愿性共识管理体系或其他一些框架中。在开发你的过程安全管理体系时，请牢记第 2.6 节和第 2.7 节的要点。不要将思维局限于法规合规性。

相反，要确保你已经识别并正在管理所有必要的屏障，以便将所有过程风险控制在企业安全风险标准范围内。

美国化学工程师协会化工过程安全中心(CCPS)的基于风险的过程安全管理(RBPS)体系(参考文献 3.3)是一个绝佳的起点。它提供了一个选项清单，促使你选择对公司情况最为有用的过程安全管理体系(PSMS)。但也要考虑其他参考资料，尤其是那些特别针对你所在行业领域而开发的资料，例如：

- 海上作业(参考文献 3.4 和 3.5)；
- 炼油厂(参考文献 3.6 和 3.7)；
- 化工(参考文献 3.8)；
- 长输管道(参考文献 3.9)。

管理与跟踪

领导者负责过程安全管理体系(PSMS)的方方面面，包括实施、运行以及持续改进。依据层级不同，领导者会承担不同的职责。但在每一个职责角色中，领导者都肩负着与以下方面相关的责任：

- 全面**实施** PSMS；
- 在 PSMS 以及操作和维护程序所界定的限制范围内**开展工作**；

- **确保各项安全措施**持续处于有效状态，并根据企业的制度审批所有“停用”安全措施的申请；
- 在其控制范围内**核实** PSMS 的绩效。

第 4 章探讨了不同层级领导者的职责，第 5 章则论述了过程安全管理体系的基本概念以及领导者在 PSMS 各要素中所扮演的角色。

领导者可以在大多数情况下，将执行 PSMS 任务的职责，委托给具备相应专业知识的员工。然而，领导者不能将与其层级相适应的、关于实施在限定范围内操作、维护防护屏障以及核实绩效等方面的责任进行委托。

你必须亲自参与确保最为关键的防护屏障的有效性。在日常业务审查、实地考察以及沟通交流过程中，要对防护屏障的有效性进行质疑和核实。同时也要讨论经验教训和衡量指标。这样做将明确传达出你对过程安全的重视与承诺。

改进

如果你认为公司在过程安全、文化以及 PSMS 方面的要求如此之强，以至于无须改进，那你就错了。经验表明，若不持续追求改进，过程安全绩效就会下降。过程安全的要求会被削弱，脆弱感会消失，自满情绪会蔓延，信任会被瓦解，PSMS 的实施也会崩溃。而且这一切可能发生得相当迅速。

因此，你最重要的领导职责之一就是推动持续改进。考虑上述核查活动中发现的差距，从自身及整个行业的事故中汲取的教训以及通过将自身的 PSMS 与行业最佳实践重新评估后发现的情况：基于上述这些差距，确立改进目标。

3.1.4 获取运营的社会许可

运营设施拥有由其所在的市、县、省、州以及国家颁发的许多不同的运营许可和执照，这些涵盖了商业活动的方方面面。满足监管要求可能会耗费大量资源。

但还有一种许可，设施和公司必须去获取：那就是运营的社会许可。没有法规对运营的社会许可进行规范，也不会颁发相关证书，而且社会许可随时可能被撤销。相反，社区和公众通过以下方式将其授予一家公司：

- 认可公司在社区存在所带来的益处；
- 相信公司的运营不会对他们造成伤害。

> 通常情况下，领导者们往往是在发现公司或所属设施已经失去运营的社会许可时，才意识到其存在。

在某些方面，运营的社会许可堪称过程安全能力以及公司和所属设施的终极考验。你需要真正了解公司为预防过程安全事故所采取的措施，并以可信的方式将其传达给具有外部视角的一群人。能够做好这件事应被视作一项关键的领导岗位要求。

通常，一个设施往往只有在失去运营的社会许可时才会意识到它的存在。社区开始对公司安全运营的能力表示怀疑。进而导致社区去质疑他们对该设施风险的感觉是否超过了有这家公司作为邻居所带来的益处。

一起重大事故显然会让人们对公司的能力产生怀疑，一系列较小的事故也会如此。未遂事件，比如安全阀开启、紧急放空燃烧以及非演练情况下的疏散警报，也会让社区怀疑公司能否安全运营。

其他一些看似与过程安全无关的因素也可能让人对设施的能力产生怀疑：

- 频繁的异味、噪声以及可见的烟雾(有时甚至是蒸汽)；
- 状况不佳的油罐车和铁路车辆；
- 工人们抱怨工作条件，无论是否合理；
- 对潜在后果以及如何管理工厂以预防这些后果缺乏足够的透明度；
- 社区不安情绪。

这些因素只是看起来不相关。不寻常的气味可能意味着初级密封出现了小的泄漏。噪声可能来自故障设备在其使用寿命的最后阶段过度振动。车辆脏乱或保养不善可能是由于泄漏或物料搬运不当造成的。工人们抱怨安全问题是有道理的。缺乏透明度可能会给人留下你有事要隐瞒的印象。当邻居们意识到状况糟糕已经有一段时间了，社区不安情绪就会加剧。

作为一名领导者，你应该敏锐地意识到设施需要不断获得和更新他们的运营许可证。这就像一场永无休止的面试。你需要与社区保持双向沟通，解决他们的担忧，并且保持开放的态度。同时，你需要很好地领导和管理过程安全，以防止事故发生。

3.2 发展并维持知识和技能

组织中任何级别的领导都必须确保他们的员工、承包商和他们自己拥有执行过程安全岗位所需的知识、技能和资源。对于现场操作和技术人员有非常具体的能力要求。高层管理人员至少应该理解关键概念，这样他们才能管理员工、项目和整体企业风险。领导能力将在第 3. 2. 1 部分和第 4. 3. 1 部分进一步讨论。

3.2.1 个人知识和能力

- 培养个人能力。
- 培养他人并赋予他人权力。

负责运营和运营决策的领导者对他们的知识和能力有明确的要求。本节讨论了领导者过程安全能力的三个组成部分：

- 脆弱感意识：对过程安全事件的潜在后果的认识。
- 胜任能力：具体的过程安全知识和技能。
- 直觉：识别警示信号和微弱信号。

保持脆弱感

世界上几乎每天都有一个或多个严重的过程安全事故在某个地方发生。然而，与危险设施的数量相比，事故的数量相对较少。与职业安全事故相比，过程安全事故的发生频率也低得多。正因如此，许多设施，甚至许多公司，已经多年来都没有发生过重大事故。可能会产生一种虚假的安全感和自满情绪。

> 为了使过程安全取得成功，你需要时刻将“可能会发生什么?”这一问题牢记于心。

自满的反义词——脆弱感——在发生严重事故或未遂事故后自然会出现。回想一下你最近一次开车时的死里逃生，或者你走到街上，意识到一辆车开过来了。紧接着会更加关注周围的环境，寻找下一个威胁。你可能开得更慢了，与前车的距离变大了，换车道的次数也少了。这种情况持续了一段时间，直到自满情绪再次出现。

在2005年得克萨斯城爆炸之后，世界各地的许多运营领导者都敏锐地感受到脆弱感。他们发起了许多改进过程安全文化、管理系统和工程的倡议。然而，随着时间推移，自满情绪卷土重来，整个行业又开始发生事故。

作为一名领导者，你需要对公司的过程安全隐患保持一种脆弱感。这并不意味着你应该害怕或过于谨慎。但这确实意味着你应该非常熟悉设施或公司的危害可能导致的潜在后果。然后用这些知识来推动你的承诺和纪律来管理这些危险。

保持清醒的脆弱感是至关重要的。但是战胜自满需要努力。人类的大脑会产生自满情绪。Throness(参考文献3.10)研究了这种效应，发现人们很快就会忘记事件。即使在发生灾难性事故的设施中，员工和领导也被发现忘记了吸取的教训，并在短短3年内变得自满。

幸运的是，Throness发现，定期提醒和回顾过去的事件可以让员工记住，同时给新员工增加脆弱感。领导者在保持对事件和教训的记忆方面发挥着关键作用(参见第2.3节)。

具备领导过程安全的能力

领导者所需要的能力和技能因级别和岗位而异。简言之，领导者必须具备执行与第4章讨论的岗位相关的职责能力。无论岗位如何，所有领导都应至少具备过程安全原则的基本知识，并知道如何履行其在PSMS中岗位所规定的职责。根据你的具体岗位，你的知识和能力的技术深度可能需要更高。

不同角色的典型知识和能力要求将在第4章和第5章中阐述。你当然不需要像你汇报层级中的人员那样在每个领域都成为专家。但你确实需要对相关内容足够熟悉，以便能够：

- 在组织中激励他人时，能专业地谈及过程安全；
- 理解并关键性地评估同事以及汇报链上人员所提出的建议；
- 做出你所在角色所需的对过程安全至关重要的决策。

理想情况下，领导者应该通过在具有重要过程安全要素的岗位上积累经验来获得这些知识和能力。当然，这也存在不确定性。在这种情况下，领导者应该接受具体的课堂学习和在职培训以及一对一的指导，作为有目的的能力发展计划的一部分。培训不应该是一次性的；各种形式的进修培训有助于增强知识，激发改进的想法，并为下一个岗位培养领导者。进修培训不必在教室进行；众多的全球、国家和地区会议和研讨会提供了极好的提升机会，与其他公司进行标杆管理和同行指导也是如此。具有非常具体的过程安全工作要求(例如，审核)或非常广泛的工作要求(例如，过程安全职能负责人)的领导也可以从认证中受益。

理解微弱信号/预警征兆

CCPS 在 2011 年发布的一项研究(参考文献 3. 11)指出，在许多事故调查过程中，受访者表示他们早就知道事故会发生。深入研究发现了数百个可以观察到的潜在未来事故的预警征兆，而且大多数预警征兆很容易被发现。

换句话说，作为一名领导者，你应该对以下人员或设备保持警惕：

- 看起来马虎或缺乏纪律性的；
- 破旧不堪或未全负荷运转的；
- 只是“机械式打钩填表(走形式)”、不遵循规程或不重视 PSMS 的；
- 经常不运行或出现故障的；
- 以任何其他方式看起来或听起来不太对劲的。

表 3. 2 举例说明了几种类型的预警征兆。

表 3. 2　预警征兆示例

预警征兆类别	示　例
领导力与文化	生产目标与过程安全目标之间的冲突
培训和能力	培训出勤率低
过程安全信息	不良或不一致的标签
程序	操作人员不熟悉操作规程
资产完整性	等坏了再修的理念
管理变更	已经完成的变更事后进行风险评估
审核	重复出现之前审核的不符合项
从经验中学习	频繁的泄漏和溢出
现场观察	堆积的残留物或灰尘

将任何预警征兆或微弱信号视为即将发生的过程安全事故。然后，了解预警征兆的原因，并在潜在问题升级为事故之前纠正它。

3. 2. 2　发展并激励他人

一家处置危险物料的公司必须具备管理这些危险所需的过程安全能力。如果你的企业不是刚刚建立，就可能拥有了所需的大部分能力，这些能力一般分散在企业各个部门。

然而，组织永远不会保持静态。企业成长、收缩和转型，员工离职或晋升，必须更换，技术进步改变了人们的工作方式。因此，能力差距不断出现，必须系统地加以解决。

发展他人

出于这个原因，领导者必须不断地评估能力差距，并培养他们的员工来填补这些差距。过程安全能力的范围相当广泛，包括以下方面的知识和技能：

- 工程方面；
- 工艺开发和运营方面；

- 建造方面；
- 维护和检查方面；
- 管理方面；
- 法律法规方面；
- 沟通方面；
- 领导能力方面。

CCPS(参考文献 3. 12)为识别和了解其能力需求提供了一个极好的资源。你可以选择将这项任务委托给人力资源主管，很多主管都是这样做的。但是，你仍然有责任确定所需的具有相关能力的人员，并确保他们在组织中存在。

为帮助领导者做到这一点，近年来，有的企业已经对组织机构的调整进行正式的变更管理，称之为组织变更管理(参考文献 3. 13)。一般变更管理评估的对象是工艺过程的相关变化对过程安全的潜在影响。同样，组织变更管理也要评估人员和组织机构的变化对过程安全带来的影响。

你不需要通过培训或指导来培养别人。然而，在整个过程中，你应积极地与你的员工互动。具体包括：

- 与员工协商确定培训需求；
- 通过给予鼓励、安排培训时间以及布置有助于提升熟练度的任务来支持员工；
- 到培训班进行走访，提供支持性和强化性的意见；
- 认可员工的发展努力；
- 通过调查和验证来测试和挑战他们的能力。

也要培养你的同事和领导！

你在培养他人方面的作用不仅仅局限于你的下属。你可能还需要培养你的同事以及你的上级管理层。这种需求源于技术、流程和组织结构的不断变化。每一次变化都伴随着提升能力的需要。你可能需要培养同事和管理层的一些原因包括：

- 刚担任新角色的人员；
- 在变更管理(MOC)中识别出新的培训和能力需求的工艺或组织变更情况；
- 对各项指标的检查表明存在培训或能力差距；
- 识别出有关工艺或其危害的新信息。

培养他人的范围也超出了你的设施、公司，甚至所在的行业领域。乍一看，去培养可能是你竞争对手的人的过程安全能力似乎很荒谬。但事实上，经验表明，与他人分享你的能力会得到多倍的回报。为什么呢？因为当你分享时，别人也会把他们所学的与你分享。而且如果你分享的对象是你的供应商或客户，你也有助于确保供应链的可靠性。

赋能他人以使其成功履行过程安全职责

1986 年 1 月，当挑战者号航天飞机进入最后的发射倒计时，发射主任寻求发射所需的众多签字。负责固体火箭助推器的 MacDonald 拒绝签字。他解释说，由于外部温度过低，无法保证 O 形环密封助推器各部分连接处的完整性。为了满足紧迫的时间要求，指挥官向 MacDonald 的领导提出了上诉，最终推翻了他的决定。O 形环失效，挑战者号在发射后 73s 爆炸(参考文献 3. 14)。

赋能团队中的每个人履行其过程安全责任，直接遵循确保满足胜任和建立过程安全的必要性。在最基本的层面上，授权意味着如果员工对安全有任何怀疑，他们每个人有权中断或停止工作。但还远不止于此。赋能还包括：

- 对人员配备数量、所需保护屏障、维保要求、安全操作范围等方面的建议；
- 接受危害分析、检查、审计和事故调查的结果和建议；
- 支持团队中的领导培训和赋能他们的员工。

当员工行使中断或停止工作的权利时，必须毫无疑问地接受他们的决定，并给予积极的支持。如果员工觉得他们的领导以任何方式质疑他们的决定，他们可能会觉得自己的工作受到了威胁。这可能会导致他们下次不愿意行使他们的权利。

在停车、停工以外的情况下，赋能与员工基于专业分析提出建议的期望直接相关。例如，假设你的一位主管建议调整人员配置。在这种情况下，该主管应该用合理的论证来支持他的建议，解释如何满足过程安全能力需求。或者如果该主管建议进行流程改进，应该用一份专业和完整的变更管理来支持他的建议。

实现这一目的的有效工具是“完整参谋”(参考文献 3. 15)。“完整参谋”要求每项建议都应该包含足够的信息，以便在没有额外信息的情况下可以对该建议进行评估。建议如下：

- 识别待解决的机会或问题；
- 详细说明建议的行动方案并加以解释；
- 确定可能的替代行动并解释不建议采取这些措施的原因；
- 详细制定实施计划；
- 讨论衡量已实施变更是否有效的方法，以及潜在的备用计划。

要求审慎合规

第 2. 6 节详细讨论了为何仅遵守过程安全法规和标准并不足以保护公司。实际上，即便公司拥有非常详细、精心设计的过程安全管理体系(PSMS)来控制危险并管理屏障，仅靠这些可能也是不够的。

审慎合规需要对过程安全有强烈的使命感以及脆弱感。但即便如此，审慎合规中的“审慎思考”部分也需要具备相应能力。所以，如果有人告诉你，你的设施或公司是合规的，你要问：

- 符合什么？哪项法规？符合管理体系吗？符合公司风险标准吗？
- 你是怎么知道的？仅仅是因为打了钩(走了形式)吗？还是因为你在让你的组织承担责任所以才知道？更具体地说：
  - 过程危害分析(PHA)和审查是否以适当的技术严谨性完成？
  - 通过过程危害分析、审查、事故调查及其他流程确定的行动事项是否及时得到实施和完成？
  - 是否以适当的严谨性识别了防护屏障？

- ○ 防护屏障是否得到了充分维护？
- ○ 各项流程以及过程安全管理体系（PSMS）本身是否在所需的限制条件内运行？

而且，即使你对合规情况感到满意，也要问问“在我们的过程安全管理体系之外，是否还有我们可能遗漏的其他事项？”

1998 年 9 月，澳大利亚维多利亚州的朗福德天然气厂发生了一起大规模爆炸事故，致使该厂陷入瘫痪，整个州连续 3 周都没有用于取暖、发电和制造业的天然气供应。事故原因众多，其中包括在公司的过程安全管理体系（PSMS）中通过“走形式”完成的审查和过程危害分析（PHA）。尽管该公司当时拥有最先进的过程安全管理体系之一，但由于缺乏审慎合规，这一体系未能发挥作用。

学会评估和提升文化

经验也许不是最好的老师，但却是最有效的老师。是每一个领导者的一部分，每个员工能力的发展应该建立在从经验中吸取教训的基础上。这些经验教训可能来自事件、未遂事件，甚至是对微弱信号的观察，也可能来自外部事故的经验教训。对于领导者和员工来说，全面吸取教训是进行事故调查的主要目的（参见第 3.3.4 节）。

知识和技能会随着时间推移而削弱。这可能是由于缺乏练习导致的，但也可能通过一种叫作“偏离常态化”的过程发生，即反复出现与正确操作稍有偏差的情况，日积月累后就会变成严重、危险的偏差（参见第 3.3.4 节）。

因此，再培训并非只适用于操作员和机修工。你也需要更新自己的过程安全技能和知识，以帮助维持对过程安全的重视以及自身的脆弱感。

不幸的是，再培训可能不是很有效果。通过不断改进技术、管理制度和文化来保持知识和技能的敏锐，会更有成效。这有助于维持和建立技能，但也可以改善过程安全文化，减少事故。

3.3 展示诚信和承诺

如果没有一致的努力来确保正确的活动和相应的措施得到实施，所有的管理体系都会崩溃。在开展 PSMS 活动和利用 PSMS 的关键绩效指标方面，强有力领导将有助于防止这种情况发生。关键绩效指标在第 2.1 节中讨论。成本或生产压力导致灾难性后果的事故也有很多。所有这些问题都需要你坚定的承诺，无论是在好的时候还是在任何形式的压力下，都要确保 PSMS 得到有效的管理。

3.3.1 勇气与信念

你个人有责任**遵守过程安全技术和道德标准**。让我们来看一个实际的例子，在每个生产设施中，你都必须表现出勇气与信念。这个例子适用于几乎所有类型的安全设备或系统。

FL 你们有一个压力容器(V1)，金属损失导致壁厚小于测试验收标准。该技术标准要求由检查员进行适用性评估。检查员进行评估，并指出 V1 必须停止使用以进行维修。

当然，这家工厂准备开始生产一种必须在月底前交付给一位重要客户的产品。如果没有收到产品，客户将不得不停产，这对两家公司都有重大的财务影响。修理预计需要一周时间。你正受到企业的压力，要求你找到一种方法，来生产所需的产品。毕竟，生产只会持续几周，所以维修不会延迟那么长时间。

你应该怎么做?

展现你的承诺

适用性标准允许基于更多数据并由更高水平的专业知识人才进行更高层次的评估。这种评估也设有必须满足的验收标准，否则就必须进行维修。

你将这一选择告知相关业务部门，告知他们你已经开始评估，且评估将在次日结束前完成。这种更高层次的评估可能会产生以下三种结果之一：

1. 在重新投入使用前必须进行修理；

2. 可以在限制条件下运行，例如，在适当的系统下，以较低的压力或负荷运行，以确保容器在这些限制条件下运行；

3. 可能被允许在正常条件下运行，但需预估一个指定的维修日期。

同时沟通贵司**承诺**遵守本次评估结果。而且，修理材料正在立即采购，因此，无论结果如何，都不会浪费额外的时间。

设定一条你不能逾越的标准

更高层次的适用性评估表明，V1 必须立即进行维修。你将结果告知相关业务部门，并说明工厂将停产一周来完成维修工作。业务部门表示同意，并感谢你花时间进行额外评估以助力公司盈利。尽管工厂必须停产维修，但相较于容器发生故障可能导致的更长久的业务中断对客户造成的业务影响已降至最低。

从本质上讲，你运用了科学、数据和工程计算来恰当地评估并确定了一条毫无妥协的前进道路。这种方法还有助于化解一个棘手的局面。换句话说，你履行了管理存有危险物料设施的专业义务，同时相较于容器发生故障的情况，还为客户减少了服务中断。

使过程安全与其他业务重心保持同等重要地位

在你领导、开展或支持涉及危险物料的运营工作时，首要任务是确保系统在其限定条件内运行，并按要求进行维护。要在这一点与评估维持运营方式的责任之间找到平衡。这两项都必须以专业的方式开展，符合公司的道德和技术标准。

高效的领导者要确保过程安全管理体系(PSMS)：

- 像对待其他业务重心一样，以同样的投入和严谨态度来执行；
- 以与经营业务相辅相成的方式执行。

3.3.2 问责

> 如果你不去培养并维持一种强有力的过程安全文化，那又该指望谁去做呢？

作为一个有效的领导者，也意味着对 PSMS 活动和后续行动负责。

这需要强有力的领导，持续保证对危险性的理解、对风险的管控，并使风险最小化，以满足企业的风险标准。如果你不去培养并维持一种强有力的过程安全文化，那又该指望谁去做呢？如果你不对 PSMS 活动和后续行动负责，谁将为此付出代价？

提供强有力的领导

强有力的领导意味着你接受问责，你知道你的责任**在不断地被履行和验证**。这里给出的几个例子可以很容易地推断到第 4 章中讨论的所有岗位和职责。

EX 高级主管

- 公司风险准则和风险管理计划、标准、政策和程序得到实施和遵守。
- 确定满足公司风险标准的期望，审查进展情况，并清除障碍。
- 关键绩效指标适用于风险管理计划，并有针对事件的先导和滞后指标。持续改进 PSMS。
- 生产、维护和技术负责人知道他们的责任，并对他们负总责。
- 对严重和潜在的未遂事故进行审查，以便在全公司范围内采取行动，包括与公司有关的外部事故。
- 对检查活动进行趋势分析，并审查潜在的改进机会。
- 对过程安全支出进行审查、批准和跟踪。对支出不足和超支进行同等重要的评估。

中层领导，尤其当你是运营岗位时：

- 通过有效的过程危害和风险评估，确定并实施适当的屏障；
- 屏障是在其限制范围内操作的；
- 屏障处于被检查、测试和维护的状态；
- 提供足够的资源来执行所有的 PSMS 要求；
- 处理过程安全性的优先级与处理其他业务需求的优先级相同；
- 对 PSMS 的自我评估、反馈机制和关键绩效指标做出反应，并不断改进 PSMS。这包括事故和未遂事件报告、调查、分析和跟进。

了解危害和风险并采取行动

作为领导，**你个人**必须对你所管理的装置有尽可能深的理解。你还必须了解工艺物料的毒性和物理危害。这将有助于你领导、做决定和采取行动。

危害和风险评估将确定控制危害和降低风险所需的适当屏障。PSMS 活动，包括对屏障的检查，将揭示后续行动。如果危害没有得到控制，或者在 PSMS 中存在未解决的故障，则可能发生事故，或者无法按照公司风险标准控制风险。你对那些操作这个装置的人和生活在周边社区里的人负责。

你所面临的潜在事故并非独一无二的。你可能遇到的几乎所有事故在使用或生产危险物料的行业中都曾发生过。要挑战自己，去审视重大事故以及潜在高后果的未遂事故。它们当中有没有真正独一无二的情况？或者你的团队明明知道存在危险，但在过程中是否遗漏了某些环节？未遂事故中的管理体系失误与事故中的管理体系失误是否相同？你是否遗漏了需要采取的某项行动？

3.3.3 正确响应

人们普遍认为，对文化的最大影响来自于你衡量的事物以及你对重大事件的反应。这可以推动文化向积极或者消极方向发展。

CCPS 很好地描述了期望的响应水平(参考文献 3.3)：

> 组织认识到，在认识到问题和承受问题的后果之间往往只有很短的一段时间。优先考虑的是及时沟通和回应从事故调查吸取的教训、审查、风险评估等方面。及时解决实践和规程(或标准)之间的不匹配，以防止偏离的常态化。组织强调及时报告和解决员工关心的问题。

相比及时性来说，回答的语气和内容可能更重要，即便其中任何一个存在错误或误导性。培养相互信任对于保持团队为共同目标(如 PSMS)一起工作至关重要。尊重专业知识有助于使你对过程安全的承诺更加明显，并有助于你培养相互信任。

培养相互信任

培养互信的特点如下(参考文献 3.3)：

- 员工相信管理者会为支持过程安全做正确的事。
- 管理者相信员工会承担起自身那份绩效责任，并及时报告潜在问题和担忧。
- 同事之间相互信任彼此的动机和行为。
- 员工相信存在一个公正的体系，在其中如实报告无心之失无须担心遭到报复。
- 企业的业绩、沟通交流和实际行为，使得社区成员信任企业，企业也有信心持续获得社会的许可。
- 对于自己承担的控制风险的重要任务/活动，员工愿意接受他人的评估或检查。

为了维持这种相互信任的水平，对各类事件和活动的回应需要涉及所有相关角色，做到客观且基于数据，并始终专注于改进过程安全管理体系(PSMS)。在解决多个故障点时，不能单独挑出某一个团队去完成。

尊重专业知识

当一个组织出现以下情况时，它就具备了尊重专业知识的文化：

- 高度重视对个人和团队的培训与发展；
- 允许关键决策由合适的人员根据其知识和专业技能(而非其级别或职位)自然地和按

设计地做出。

一个很好的例子是在第3.3.1部分中讨论的压力容器V1。在这个案例中，相关请求被提交给工程团队，以便他们进行更严格的适用性评估，从而确定所需的维修时间。企业相信业务需求已得到考虑，并且运用了恰当水平的专业知识。生产经理相信进行评估的专业人员的能力，也相信企业会接受评估结果。

3.3.4 一致性

一方面通过坚持一致性，领导者将对文化产生强大的积极影响：

- 反应一致性；
- 完成PSMS活动或后续行动的一致性；
- 处理实践和规程(或标准)之间不匹配的一致性。

另一方面，领导者缺乏一致性会对文化产生负面影响。

为团体和个人设定高标准并检查绩效是很重要的，这可以防止性能标准的降低和不合标准的条件。

抵制偏离的常态化

偏离的常态化的定义："由于对不符合情况的容忍度增加，导致绩效标准逐渐受到侵蚀"(参考文献3.1)。

在过程安全管理体系(PSMS)中绝不能容忍偏离的常态化。实际上，对于故意违反过程安全标准、规则或程序的行为，应采取零容忍政策。

让我们来看一些行业中的例子：

- 因为需要生产，设备未得到维修。
- 由于反复出现令人厌烦的报警，报警被静音。
- 流程在安全操作范围之外运行，例如报警或防护装置被禁用。
- 程序不起作用或未被遵循。
- 过程危害分析(PHA)行动未得到处理就被标记为已完成(例如，由于成本方面的担忧)。
- 未经适当评估就绕过屏障来解决工艺问题。
- 小泄漏未修复就被验收。

当领导者接受偏离的常态化且未采取行动时，所有这些例子都导致了严重的事故。美国化学工程师协会化工过程安全中心(CCPS)(参考文献3.16)就预防偏离的常态化提供了详细的指导。

3.4 鼓舞人心地沟通

如果领导是推动过程安全的引擎，那么沟通就是引擎的燃料。本章前面提到的每一个领导属性，只有通过沟通才能发挥作用。同样，你展示本章中讨论其他领导属性的方式将影响你的团队对你过程安全沟通的信任、相信和行动的程度。换句话说，沟通取决于你做什么和你是谁。因此，作为一个领导，你应该认真并有意地在整个组织内培养过程安全沟通。你还应该确保你的行动和非语言暗示支持你的沟通。

3.4.1 保持连接和可见

没有什么比远离你的操作一线更能破坏你的过程安全信息了。根据你的级别和岗位，你可能无法定期访问工厂、基地或操作一线。但是你应该与你所管理的业务部门保持密切联系。公司里的每个人都应该知道你的立场，并能和你交流关心的问题和想法。

确保开放和坦率的沟通

你还应该确保组织中的人员可以公开和坦率地与你沟通他们对过程安全的关注和建议。

过程安全文化核心原则

许多障碍会阻碍沟通。如上所述，对领导者缺乏信任和可信度可能是最大的问题之一。信任必须不断建立。你赢得信任的一种方式是通过跟进关注和建议。这并不意味着你必须执行每一个建议或解决每一个问题。然而，至少应该感谢提出建议和问题的员工。然后应该提出某种解决方案，例如：

- 落实建议；
- 实现不同的、更好的或更经济的解决方案；
- 解释为什么这个建议是不必要的或不可取的。

组织壁垒(孤岛效应)也会阻碍沟通。考虑你希望提高设备可靠性以提高连续运行效率并减少泄漏引起的小事故情况。显然，维修、机械完整性和工程职能部门必须协作才能找到解决方案。不幸的是，这些职能部门在谁应该带头的问题上争论不休，甚至可能将问题的原因指向其他职能部门。因此，你的交流似乎被置若罔闻。

以打破任何其他壁垒相同的方式来打破与过程安全相关的壁垒：

- 首先，创建一个统一的愿景。换句话说，让这三个职能部门的领导同意，提高运行效率和减少泄漏是一个值得追求的目标，且他们会全心全意地支持这个目标。让它成为“我们的目标”而不是“我的目标”。
- 其次，赋能这些领导者找出问题的根本原因，并提出多项解决方案。
- 最后，创造动机和激励，帮助团队在正确的轨道上开展工作。

在世界上的一些地区，等级文化会使向上的沟通变得相当困难。在这样的文化中，人们习惯于上级下达指令，信息向上流动。生活在这样一种文化中的人可能会认为这是正常的，如果要求他们讲出自己担心的问题，他们通常会把这些问题留在心里。

没有一个解决方案可以解决所有的等级文化，可能的方法包括：

- 安排该等级体系之外的人收集并向上级报告员工关心的问题，以帮助形成集体愿景；
- 将安全建立为必须存在于等级文化之外的东西。

作为任何岗位的领导者，你的沟通应该超越愿景、问题和解决方案。你们的许多沟通应该与你们的 PSMS 职责相关：发起行动、跟进、跟踪关闭、对关键绩效指标采取行动、申

沟通不是一次性的工作。你必须反复进行沟通。

请或给予批准，以及提供所需的监督。

在所有的沟通工作中，耐心是一种常被忽视的美德。你可能期望能迅速采取行动。然而，你可能首先需要让其他各方了解相关事宜，这样他们才能深思熟虑地做出回应。当你向一个群体征求关于潜在问题的意见时，你可能需要容忍片刻尴尬的沉默，以便有人能整理好自己的想法，或者鼓起勇气在同事面前提出问题。你可能不得不听一名员工或社区团体大量重复的意见，只为赢得他们的信任，让他们相信你是关心他们的。

3.4.2 影响和推动过程安全文化

如前文所述，人员和组织都有一种与生俱来的倾向，即会导致偏离的常态化，失去对风险的感知并变得自满。因此，领导者需要保持敏锐的沟通技巧，并有效地运用这些技巧来维持过程安全文化。沟通是文化的动力源泉：若没有定期的沟通来加强过程安全文化，这一动力将会逐渐减弱直至停止。

推销过程安全——一次又一次

推动文化可能需要你反复地推销过程安全的好处。虽然世界各地存在细微差异，但任何销售通常都要求你：

1. 定义需求；
2. 设想如何满足需求；
3. 描述一下实现目标的过程；
4. 唤起观众的情感。

一般来说，如果领导者在推销过程中让他们的同事和下属参与进来，他们会取得更大的成功。

明确需求，尤其是从财务或竞争力方面来明确，有助于吸引听众的注意力。愿景能让每个人都去畅想成功。这个过程能让他们明白你所提出的建议是可实现的。最后，诉诸情感能让听众对自己所做的决定感觉良好。

在一个层面上，过程安全是一种道德要求，不需要商业论证。不幸的是，从这一点出发，诉诸情感的领导者，往往只能得到口头上的支持。但是，即使他们仅仅依靠情感来进行推销，缺乏清晰的目标或过程描述，也会在开始之前就遭受失败。

推销过程安全，需要主动作为，持续改进。否则，偏离的常态化和自满情绪可能会削弱工作成效。

定义需求

在最高层面上，公司需要保护它的员工、邻居、环境，当然还有它的财务业绩。但是这到底是什么意思呢？一些公司将试图用相对术语来定义这些。例如，一些公司会说："我们希望我们的员工在工作中死亡的可能性比他们开车上班时少 x 倍。"

从更广泛的角度考虑，公司将制定一系列类似的声明，解决死亡、人身伤害、环境破坏、对社区的影响以及损失的规模。然后，企业以**风险标准**的形式体现这些目标。因此，需要确保每个工艺装置的风险符合风险标准。

这些工作可以由高层领导团队承担，通常由经验丰富的牵头人负责。领导团队也可能将这项任务委托给由专家组成的跨职能小组，然后认可结果。

也可以用更笼统的措辞来界定需求。然而，按照风险标准方法的要求运用可靠的技术分析，往往会得出更具一致性的结果，这些结果也更易于严格把控。

创造愿景

最初，并非所有工艺装置都符合风险标准。这可以通过过程危害和风险分析来确定，也可以基于关键绩效指标、事故调查和审核。然后，公司创建一个如何降低风险以满足风险标准的愿景。

在某些情况下，可以通过更改工艺来降低事故发生时其潜在后果以降低风险。在其他情况下，可以通过设置屏障来降低风险。

该愿景阐述了公司为满足风险标准而降低风险的过程。一个典型的愿景可能包含以下部分或全部内容：

- 我们将不接受任何高于 x(即设定的风险上限)的风险。任何存在此类风险的流程都将被关停，直至实施风险降低措施后方可重启。
- 对于某些我们认为重大但仍可接受的风险，若满足一系列明确要求则允许在短期内暂时维持。时限届满时，必须落实各项防护措施。
- 存在一类我们认为仍然重大但可接受的风险，若满足一系列明确要求则允许在较长时间段内持续运作。但时限一到，必须确保所有防护措施落实到位。
- 存在一类我们认为通常可接受的风险。

许多公司使用风险矩阵来说明上述概念(见第 4.1.1 节)。

同样，这项工作可以由高层领导团队协助完成，也可以委托给专家，由领导随后批准。

描述达到目标的过程

EX CCPS 定义了非常全面的 PSMS(参考文献 3.1)和强大的过程安全文化标准(参考文献 3.3)。这些或类似的综合体系可以用作模型，通过该模型可以识别公司或现场当前 PSMS 中的差距。

ML 当然，CCPS 的 PSMS 和文化定义的某些方面对某个公司来说更重要，而其他方面则不适用。这些可以用来确定要解决的差距的优先级。如上所述，这种差距分析可以由领导团队完成或由领导团队主持。

共情

为了帮助你的同事和组织的其他成员感受到对过程安全的情感承诺，鼓励他们参与是很重要的。问一些有见地的问题，了解他们对过程安全的看法，并听取他们的改进意见。你可能会学到你以前没有了解到的东西，但你确实帮助他们感觉自己是其中的一部分，并参与其中。

要善于运用企业市场部门和对外沟通部门惯用的技巧。图标、短语、海报和标语可以帮助强化关键信息。一些公司确定了他们希望员工表现出的关键行为。然后，他们在整个工作场所张贴海报，并进行额外的交流和观察，以加强这些行为。

许多公司成功地定义了某些牢不可破的规则，有时被称为“保命法则”，作为一种将情感与某些关键行为联系起来的手段。违反这样的规定可能会导致被解雇。这些保命法则包括以下方面：

- 旁路联锁和其他屏障；
- 锁定/挂牌(有时称为尝试挂牌上锁)；
- 管线/容器打开；
- 动火作业；
- 个体防护装备；
- 跌落保护。

保命法则一般适用于可能直接导致死亡、重伤或重大损失的领域。在沟通时，领导者可以明确表示——可能会辅以案例研究，说明为什么这些规定如此重要，以及为什么惩罚如此严厉。

行业部门偏见

变革通常会遭遇阻力，而抵制的第一步就是否认变革的必要性。在重大危险行业中，这通常表现为类似这样的说法：“我们为什么需要过程安全？我们不像 Y 公司那样处理 X(某种危险物料)，我们只处理 Z 物料。”

你所采用的工艺或物料或许确实比其他的危险性更低。但这并不是正确的逻辑！除非你的过程安全风险确实微乎其微(参考文献 3. 17 提供了微乎其微的标准示例)，否则你必须关注自身生产工艺的危害，并确保将风险控制在你的风险标准范围内。

表 3. 3 描述了一些行业偏见的例子，以及为什么这些情景可能具有误导性。

表 3. 3　行业偏见示例

行　　业	偏见示例	为什么偏见会产生误导
化工或石化	其他公司处理更多的有毒、易燃或易反应的物料	我们的化学品和工艺有可能导致重大事故
塑料	我们只熔化和挤压塑料	我们的塑料可能会分解或燃烧，我们可能有粉尘爆炸危害
炼化	我们只有蒸馏工艺，我们没有危险的反应	我们的馏分油要么是可燃的，要么是燃点以上的。我们在烷基化中使用有毒的氢氟酸
油气生产	我们只是从地下开采石油或天然气	地下油藏可能处于高压之下。原油可能含有易燃物。气体可能形成水合物，阻碍流动
石油天然气勘探开发	我们只是在钻孔和浇筑水泥	完井不当，可能导致大量油气泄漏
制药和小型化工厂	我们的反应规模要小得多。我们的操作员是训练有素的化学家	有些反应是高能量的，或者使用非常易燃或有毒的物质
食品	我们不处理化学品	氨制冷的危害是众所周知的。我们有很多潜在的粉尘爆炸危险。我们将对油进行氢化处理
微芯片、采矿、金属精炼等	我们没有化学工艺	这些工业中使用的许多化学品都是剧毒和/或易燃的

如果你的组织中存在部门偏见，你应该认识到这只是改变文化的第一步。你必须通过提供一般文献中适用于你所在行业的任何案例中的一个来显示领导力，包括详细的美国化学品安全与危害调查委员会报告和视频(www.csb.gov)。很有可能，你的公司、你的行业贸易或专业组织有直接适用的案例，你也可以使用。然后你可以说，“我们确实不处理 X，但这些危险我们依然存在，如果我们不能管理好它们会发生什么。我们必须按照我们的风险标准来管理这些危险。这是我们需要做的。”

代沟偏见

工业化经济体正处于经历结构性转变的过程中，因为婴儿潮一代退休了，把他们的责任交给了被遗忘的一代。不幸的是，由于 20 世纪 90 年代和 21 世纪初的招聘相对较少，这一代没有足够的领导者和工程师。因此，其中一些责任必须交给千禧一代和后千禧一代。千禧一代也在新兴经济体中承担着重要的责任，因为经济增长超出了领导者和工程师已有的经验。

关于这两代人之间的差异，已经写了很多，这里不需要重复。当涉及过程安全时，问题不是偏见，而是经验。由于新兴的学术标准，许多新毕业生比以往任何时候都更了解过程安全。然而，正如将在第 4.3.2 节讨论的那样，仅仅训练并不意味着能力。千禧一代需要获得婴儿潮一代的经验。没有这种经验，他们可能会错过重要的问题或过度分析。

因此，对年轻工程师进行培训非常重要，培训内容包括分享过去几年的案例研究和经验教训，并设定期望，让他们将这些战斗故事传递下去。通过将过程安全职责分配给新入职的员工，并进行适当监督，使新员工利用知识水平较高的优势更好地从事过程安全工作。这有助于培养强烈的隐患意识，并认同领导力对过程安全的重要性。

鼓励新员工，并准备好接受许多问题和建议。尊重新员工的问题，并尽可能充分地回答他们。将问题和建议作为教学机会：指导建议如何更有效，或者为什么它们不起作用。让年轻员工做好成为领导者的准备，因为不久之后，他们就会成为领导者。

参 考 文 献

3.1 CCPS, *Essential Practices for Developing, Strengthening, and Implementing Process Safety Culture*, American Institute of Chemical Engineers, New York, 2018.

3.2 CCPS, *Inspiring Process Safety Leadership—the Executive Role (Video)*, American Institute of Chemical Engineers, New York, 2013.

3.3 CCPS, *Guidelines for Risk Based Process Safety*, American Institute of Chemical Engineers, New York, 2007.

3.4 United States Bureau of Environmental Enforcement, *Final Rule for 30 CFR Part 250 Subpart S-Safety and Environmental Management Systems*, Washington, DC, 2010.

3.5 United Kingdom Health and Safety Executive, *The Offshore Installations (Safety Case) Regulations*, Bootle, 2005.

3.6 API, 2018 *Publications*, API Publications Store, Ann Arbor, 2018.

3.7 IOGP, *International Standards*, IOGP Bookstore, London, 2018.

3.8 ACC, *Responsible Care® Process Safety Code of Management Practices*, https://responsiblecare.americanchemistry.com/Process-Safety-Code/, Washington, DC, 2012.

3.9 PHMSA, *Pipeline Safety Regulations* 49 *CFR Parts*(190-199), Washington, DC, 2017.

3.10 Throness B., *Keeping the Memory Alive*, *Preventing Memory Loss That Contributes to Process Safety Events*, Proceedings of the Global Congress on Process Safety, 2013.

3.11 CCPS, *Recognizing Catastrophic Incident Warning Signs in the Process Industries*, American Institute of Chemical Engineers, New York, 2011.

3.12 CCPS, *Guidelines for Defining Process Safety Competency Requirements*, American Institute of Chemical Engineers, New York, 2015.

3.13 CCPS, *Guidelines for Managing Process Safety Risks During Organizational Change*, American Institute of Chemical Engineers, New York, 2013.

3.14 McDonald A., *Truth*, *Lies*, *and O-Rings*: *Inside the Space Shuttle Challenger Disaster*, University Press of Florida, 2009.

3.15 US Army, *The Doctrine of Completed Staff Work*, *Army Information Digest*, Alexandria, 1953.

3.16 CCPS, *Guidelines for Recognizing and Responding to Normalized Deviance*, American Institute of Chemical Engineers, New York, 2018.

3.17 CCPS, RAST and CHEF Tools, AIChE, New York, 2017, https://www.aiche.org/ccps/resources/risk-analysis-screening-tool-rast-and-chemical-hazard-engineering-fundamentals-chef.

4 过程安全管理的领导力

过程安全与其他业务领域同样需要领导力：领导力决定成果。过程安全结果可以是：过程安全管理体系(PSMS)的出色执行，稳定地将事故数量降至零。所有事故，无论大小，都必须减少到零，因为未遂事件和灾难之间的区别可能是运气问题。正如第1章所讨论的，领导者还追求这样的过程安全结果，有助于提高效率、企业灵活性、可持续增长和卓越领导力。

为实现这些结果，你们必须管理PSMS中包含的大量活动，以便：

- 识别过程危害并评估其风险；
- 实施必要的屏障以满足公司的风险标准；
- 管理这些屏障；
- 确保各级和各职能部门的过程安全能力；
- 构建和加强企业文化；
- 验证绩效并持续改进。

你的领导能力和职责取决于你在组织中的级别和职能。本章总结了PSMS要素(图4.1)，并按领导级别描述了这些要素的典型职责。第5章将根据岗位和功能对这些岗位进行更详细的总结。第6章将描述这样一个过程，领导者可以使用它来确定和部署他们组织的责任和职责。

识别危险和确定屏障	管理措施	管理能力	验证绩效并改进	构建和加强企业文化
• 设定风险标准； • 进行危害/风险分析； • 确定所需的屏障	• 操作行为和操作纪律； • 标准； • 资产/机械完整性； • 安全操作程序和工作规范； • 变更管理； • 应急管理	• 能力培训； • 过程知识管理/过程安全信息； • 承包商管理	• 审核； • 绩效指标； • 事故调查； • 管理评审	• 文化； • 员工参与； • 与利益相关者沟通

图4.1 PSMS职责概述

4.1 确定所需的屏障

正如第 2.2 节所讨论的，屏障是控制、仪器、设备和干预措施，它们可以防止工艺失控的危害、泄漏、影响人员、资产和环境。

- **预防性屏障**：防止工艺异常导致从主容器泄漏；
- **减缓性屏障**：防止泄漏对人员、资产和环境的影响。

> **概述**
> - 设定风险标准；
> - 进行危害/风险分析；
> - 确定所需的屏障。

显然，你需要足够多的正确类型的屏障。并且，正如将在第 4.2 节讨论的那样，你需要管理这些屏障以确保它们保持有效。但是你如何决定什么地方需要屏障，使用什么屏障，多少屏障就足够了呢?

4.1.1 从风险标准和风险矩阵开始

如前文所述，过程安全主要用于保护公司免受灾难性火灾、爆炸和有毒物质释放的影响。过程安全事故的风险是释放的潜在后果和释放频率相关的函数。

$$风险=f(后果\times频率)$$

由于风险永远不可能完全消除，公司需要风险标准来指导应该减少多少风险的决策。在英国(参考文献 4.1)和荷兰(参考文献 4.2)，社会风险标准是通过法规建立的。在其他地方，许多公司使用 CCPS 描述的方法(参考文献 4.3)。

EX 高层管理人员对建立公司风险标准负有全部责任。这通常采取常设风险审查委员会的形式，该委员会由高层运营主管担任主席，以及首席执行官推荐的其他职能的主管如财务、沟通等。一旦建立了风险标准，风险审查委员会就会定期召开会议，监测风险趋势，采取行动确保 PSMS 的有效性，并朝着公司目标和计划推进。(见第 4.4.4 节)

ML 风险审查委员会通常将制定风险标准的工作委托给中层运营负责人。这些负责人与过程安全和风险管理实践负责人合作。该小组建议风险目标、风险减少和管理政策。然而，风险审查委员会对风险标准和整个过程风险管理承担最终责任。

公司越来越多地使用风险矩阵方法来开发和传达他们的风险标准。图 4.2 为一个风险矩阵示例。

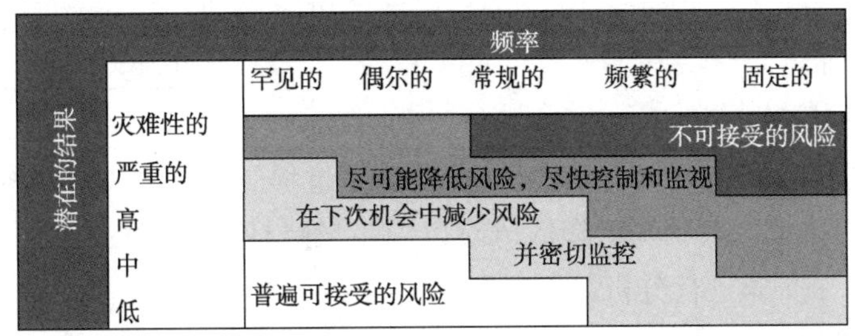

图 4.2 风险矩阵示例

这只是一个例子。大多数公司将潜在的后果和可能性分为4~6类，每一类都比前一类严重或可能性高大约一个数量级(10倍)。例如，概率分类可以是：

- 在设施的生命周期内不太可能发生；
- 在一个设施的生命周期中出现一次；
- 每年一次；
- 每月一次；
- 每周几次。

潜在的后果类别可能更难以定义，因为后果可能包括对工人、厂外邻居、财产损失和环境损害的影响。许多公司会为每种类型的影响定义4~6个级别的潜在后果。

定义了类别之后，你就可以逐个定义风险标准了。尽管风险类别的数量及其边界可能不同，但结果将与图4.2有些相似。在图4.2中，位于右上角的过程的风险被定义为不可接受的。发现有这种风险的工艺将不会运行或必须停产。然后，该装置将保持停车状态，直到重新设计工艺或实施足够的永久或临时屏障和管理监督，以减少可能性或后果降到较低风险区域。

然后，定义一个普遍可接受的风险范围，其中概率和潜在后果相对较低。这是图4.2矩阵的左下角。

在不可接受和普遍可接受之间，定义一个或多个风险级别，以及基于该风险级别所需的具体行动。在图4.2中，深灰色地带的风险必须通过尽快增加屏障或在指定日期之前降低。这可能需要在间歇工艺的间歇时段或在连续工艺的大修计划日期之前就停止装置运行。然后，在你实施了永久性风险降低措施或具有更严格的管理监督的临时措施之前，不会启动该装置。浅灰色区间的风险也需要降低，但降低的时间可能会推迟一段较长的时间，或许要等到下一个大修。

一些公司的风险标准是基于一般公众所面临的风险，如机动车事故、溺水、雷击和家庭事故造成的死亡。考虑到这些数据和整体的企业风险理念，风险审查委员会可能会决定，例如，工厂对工人和相邻企业的风险应该比驾车风险低10倍。这成为普遍可接受的风险标准。

然后，公司使用正式的风险分析方法来估计具有重大潜在后果的所有过程的风险。高于一般可接受标准的风险必须使用独立屏障来降低。

别忘了降低后果影响

许多公司会迅速实施安全仪表系统(SIS)及其他降低事故发生频率的措施来降低风险。要记住，每一道防护屏障都必须经过测试和维护，若不这样做，所有屏障都可能失效。采用本质更安全设计(ISD)来降低潜在后果影响，会是一种更有效、更可靠的降低风险的方式。

4.1.2 分析危害和风险

危害识别与风险分析(HIRA)是确定过程所呈现的风险，将其与公司风险标准进行比较，然后确定降低风险以满足风险标准屏障的行为。在HIRA中，必须对工厂操作的每个步骤进行分析，以了解：

- 操作的危险性；
- 可能升级为事件的潜在偏离；

- 防止偏差升级或降低后果严重性的屏障有哪些。

通过几种常见的过程危害分析(PHA)方法中的一种来识别和分析危害，如表 4.1 所示。

表 4.1 常见过程危害分析技术

技　术	努力程度和完整性	最适用的对象或场合
危险与可操作性分析(HAZOP)	高	风险和潜在后果较高的操作
失效模式与影响分析(FMEA)	高	帮助理解复杂流程的失效
故障假设(What-if)	中	中等风险作业
危险源辨识(HAZID)	中	在早期设计中识别过程安全(和其他 HSE)问题，并在设计中加以解决
故障假设/检查表(What-if/Checklist)	中-高	类似于故障假设，设备检查表有助于增加完整性
检查表(Checklist)	低	简单、低风险的流程和操作

ML 中层运营领导通常对过程危害分析负责。他们将过程危害分析的执行委托给合格的过程危害分析组长和能够分析过程危害的多元化团队。关于过程危害分析团队的资质需求 CCPS 有进一步的讨论(参考文献 4.4)。

作为合格的运营负责人，你应该通过以下措施支持每个过程危害分析团队：

- 确保过程危害分析团队代表了足够学科的角色和经验；
- 为每个团队成员提供充足的、不受干扰的时间和资源，以适当地准备和完成过程危害分析；
- 保护团队免受压力，不在少于专业工作所需的时间内完成过程危害分析；
- 推动过程危害分析的一致性和严谨性，并定期对其进行再验证，作为对 MOC 的双重检查；
- 通过启动初始过程危害分析会议，定期参加团队会议，或在团队成员偶然会面时给予鼓励来支持团队；
- 审查调查结果和建议，并确保它们得到处理和解决。

谨慎考虑将管理措施作为控制手段

许多公司很快就依赖于行政控制——程序、政策、签字、监督和培训——作为屏障。在考虑管理控制时要小心，以确保作业者的工作环境允许他们及时发现工艺偏离，并做出充分和正确的反应。

4.1.3 识别所需的屏障

降低事故可能性和后果的屏障功能也必须清晰定义。一般来说，屏障必须彼此**独立**。换句话说，单个失效不应该影响 2 个或更多的屏障。屏障也必须**避免**事故后果的影响。风险分析师有时将屏障称为**独立保护层**(IPL)。IPL 一般通过保护层分析(LOPA)或类似的半定量风险分析方法来确定。专家通常遵循 IEC 61511 和/或 ISA 84 标准来认证 IPL。

典型的IPL，例如联锁，具有将概率或结果降低1个数量级的能力。换句话说，大多数IPL会将风险在图4.2的矩阵中向左移动1格，或者向下移动1格。泄放装置是IPL的例子，它可以将概率降低2个数量级。有大约3个数量级的IPL，但它们往往更昂贵，需要更多的维护和验证。很大比例的风险场景将需要多个IPL来满足公司风险标准。

对于每一个独立保护层(IPL)，都必须明确定义、管理并审核其检查、测试与预防性维护(ITPM)计划。这将在第4.2.3节中进行更详细的讨论。

确保独立保护层(IPLs)真正独立

很大比例的危险风险场景需要不止一个独立保护层来满足企业风险标准。一些风险管理人员认为，如果要发生某些潜在后果需要出现两次或更多次故障，那么这些后果就是不可能发生的，这也被称为“双重危机”。评估团队必须核实两次或更多次故障确实具有独立的触发事件。

4.2 管理屏障

前一组PSMS要素描述了如何建立风险标准和执行必要的风险分析，以设计足够的IPL(屏障)来满足风险标准。在确定了IPL需求之后，必须对IPL进行设计和维护。

正如第4.1.3部分所讨论的，每个IPL提供了一个特定的风险削减量。然而，这是假设IPL的设计和管理得当，能够持续提供这种程度的风险削减。如果设计或维护不充分，或者如果工艺变更破坏了IPL或使其不充分，则该工艺将不再符合公司风险标准。更糟糕的是，设计、维护和变更管理不善的模式可能会挫败多个IPL，使公司面临更大的风险。

概述

- 首席运营官/运营总监；
- 标准；
- 资产完整性；
- 安全操作规程与工作实践；
- 变更管理；
- 应急管理。

4.2.1 操作行为和操作纪律

正如本书中反复强调的那样，所有的屏障都必须保持，所有的过程安全责任都必须可靠地、有序地、专业地执行。有两种形式：

操作行为

操作行为意味着以一种强烈的危机意识来领导和管理过程安全，目的是：

- 确保组织中的人员非常小心地遵守程序和政策；
- 确保所有屏障的有效性；
- 防止整个组织内偏离的常态化。

CCPS对操作行为的定义如下(参考文献4.5)：组织的价值观和原则在管理体系中的体现。这些管理体系的制定、实施和维护是为了：

(1)以与组织的风险标准一致的方式构建运营任务；(2)确保每项任务都得到审慎和正确的执行；(3)最大限度地减少绩效的波动。

操作纪律

操作纪律是指在执行工作时要有强烈的危机意识，非常谨慎地遵守程序和政策，帮助同事也这样做，并且防止偏离的常态化。

CCPS 对操作纪律的定义为：

每次都能正确执行所有任务(参考文献 4.5)。

操作行为(COO)和操作纪律(OD)是如何将你的过程安全领导付诸实践并推动文化(见第 4.5.1 节)。所有员工——包括领导——都应该与操作纪律一起履行自己的职责。领导者有额外的责任来确保其组织的操作行为。

由于基本的人类行为问题，操作行为和操作纪律的实践是必要的，包括：

- 人是会犯错的。即使是最优秀的人也会犯错。
- 组织过程和价值观影响个人。
- 人们在期望和反馈的基础上实现高水平的表现。
- 忠于本职工作的员工表现更好。
- 可能出错的情况是可预测、可管理和可预防的。
- 通过理解人因失误发生的原因，可以避免事故的发生。

(经参考文献 4.5 许可转载)

操作行为简述

- 确保对过程安全进行规范管理。
- 为运营、维护和工程提供具体指导。
- 影响个人行为，推动改进。
- 体现并明显展示对过程安全的承诺。

操作纪律简述

- 执行个人日常的过程安全任务。
- 展现个人承诺。
- 每次都正确完成每项任务。
- 需要时寻求帮助。
- 遇到危险或存疑时停工。

换句话说，人们会犯错，但缺乏规程和不良的安全文化会增加犯错的概率。操作行为和操作纪律的作用是减少潜在的错误，并确保系统能够正确地防止错误并减少其潜在的影响功能。

表 4.2 提供了一个简单的诊断工具来帮助评估组织中的操作行为和操作纪律状态。期望应是 100%的领导者处于右上象限开展工作，并且 100%的基层员工处于右下象限开展工作。

表 4.2 操作行为和操作纪律的诊断状态

项　目	缺乏操作纪律的领导者	遵守操作纪律的领导者
具备操作行为的领导者	设定明确的过程安全期望并试图让整个组织负责，但自己却不身体力行。 **这是自相矛盾的做法!**	设定明确的过程安全期望，据此确定优先级并开展相应工作，同时让整个组织承担起责任。 **这是对所有领导者的期望呀!**
缺乏操作行为的领导者	说安全很重要，但不做任何事情来确保安全责任得到执行。 **空谈无效!**	安全地完成自己的工作，并帮助同事也这样做。 **期待每个人!**

处于右下象限的领导者可能具备正确的心态，但需要指导以严格管理过程安全。处于左上象限的领导者可能说得好听，但需要指导来做到言行一致。被困在左下象限的领导者往好的方面说，对过程安全毫无影响；往坏的方面说，他们会破坏其他人在过程安全方面的领导力。必须迅速纠正他们的行为。

你可能会发现在常规操作中，确立并遵循操作行为和操作纪律要比在非常规情况下更容易。启动、异常操作以及停机等情况都可能出现看似有理由偏离既定程序的情形。考虑到这一点，具备良好的作业行为意味着要有相应的程序来评估计划中的偏离情况(参见第 4.2.3 节关于紧急 MOC 的内容)。

紧急停机(ESD)情况对于循操作准则操作行为和操作纪律的状况而言可能是一项有力的考验。正如在第3.2.2节所讨论的，当操作人员认为情况需要时，他们应该有权力关停相关流程。实际上，他们也应该觉得有责任这样做。同样，任何人在不安全的情况下都应该觉得自己有权力并且理应停止工作。在这种情况下，你应该感谢关停流程或停止工作的人。要确保此人永远不会觉得自己的行为受到事后质疑。而且，绝对不要明确地告诉他们犯了错误。如果调查结果显示该员工是基于知识不足而停止工作的，可能就需要开展额外的能力提升工作。不过，要注意确保由此产生的能力提升举措不会被视为一种惩罚。

EX 作为其操作行为和操作纪律职责的一部分，高层管理人员需要定期开展企业风险审查流程，并跟进以闭合差距。要从直接下属那里获取证据，证明他们正在正确执行过程安全管理体系(PSMS)，且其管控下的风险得到了妥善管理。

ML 中层和基层领导需要监督其PSMS职责或职能，并追究其人员的责任。举几个例子：

- **运行负责人**：负责按照操作程序在安全操作限制下操作所有流程，并在操作员认为条件允许时执行紧急停车(ESD)。此外，遵守操作程序和保命法则，妥善管理工作许可证。
- **维护负责人**：负责安全、正确、按时完成所有检验、测试和预防性维护(ITPM)任务，并报告问题及改进。
- **培训负责人**：帮助基层领导确保所有要求的培训任务按时完成，以确保学员理解所学内容，具备应有的能力和行为表现。
- **人力资源主管**：帮助领导确保新员工具备所需的能力，或被分配到可以培养这些能力的岗位。
- **工程负责人**：负责以下适用标准：

所有员工，无论是领导者还是基层员工，都需要忠实、专业地履行他们的过程安全责任，保持他们的能力，并在对安全没有把握时停止工作。

表4.3给出了一个简单的指标列表，以帮助识别良好的操作行为和操作纪律。所有领导者都应该非常熟悉这些指标。

表4.3　良好操作行为和操作纪律的简单指标

指　　标	状　　态
• 准确执行的操作程序和安全工作规范	
• 有效交接班	
• 持续有效的安全工作许可证	
• 有效、一致地使用联锁装置，只有经过适当的评估和批准才能旁路	
• 始终如一地使用静电接地与跨接	
• 完好的标识与现场管理	
• 很少有逾期的行动项目	
• 禁止临时试验或修改	

CCPS发布了许多更全面的操作行为和操作纪律评估工具(参考文献4.5)。鉴于操作准

则/操作规程对领导者的重要性，领导者应使用 CCPS 工具或类似工具定期评估其组织中的指标。本书附带的电子文件中提供了参考文献中的几个表格，可以从以下网址下载：

www. aiche. or g/ccps/publications/leadership：

- 表 1.5　操作行为系统特征示例。
- 表 1.6　操作纪律系统特性示例。
- 表 5.1　操作行为属性汇总。
- 表 7.2　操作行为/操作纪律系统演变的阶段。

表 4.4 是 CCPS 为评估操作行为和操作纪律在设施中的有效性而制定的更详细的检查表（来自于参考文献 4.5 中的表 1.4）。领导者应定期对照此清单审查其组织指标，并解决任何差距或潜在问题。

表 4.4　操作行为和操作纪律指标

操作行为和操作纪律指标
设备得到合理设计与建造： • 在设备的初始设计阶段就考量了多方面因素：操作、维护、安全以及环境等方面。 • 主动开展的风险分析结果以及行业标准都被用作设计过程的输入要素。 • 设备的最终用户（通常是操作及维护人员）参与到了设计过程当中。 • 设计过程是以受控的方式进行的。 • 建造过程同样是以受控的方式开展的
设备得到正确操作： • 操作方法的制定：通过对风险进行积极主动的分析，已制定出设备的正确操作方法，并将其记录在书面程序中。操作人员参与了这些程序的制定过程。 • 人员培训：相关人员已接受关于正常与异常操作的培训，同时也了解程序制定的依据以及操作限制范围。 • 设备是按照程序进行配置和操作的。 • 设备在恢复使用时采用了受控流程。 • 对操作要求的变更进行了恰当的评估
设备得到妥善维护： • 设备按照通过结构化评估流程制定的预定维护策略进行维护。 • 相关人员接受过故障排查、修理及维护设备的培训。 • 对操作条件的变更进行评估，以确定其对维护要求的影响。 • 通过安全工作规范对设备状态进行控制。 • 对设备故障进行分析，以防止类似故障再次发生
管理制度执行得当： • 管理系统是根据主动分析和行业最佳实践的结果开发的。 • 管理系统有明确的文件记录。 • 管理系统按书面执行。 • 对组织变革进行评估，以确定其对现有管理体系的影响
错误和偏差始终得到解决： • 系统中的人员总是在寻求提高他们的绩效。因此，广泛使用自我检查、同行检查、审查、事件调查、管理评审和指标来识别和消除偏差。 • 工作人员一直在积极寻找差异，并在发现问题时予以解决。 • 员工对问题负责，并尝试自己解决问题。他们利用外部资源协助解决问题，但保留对问题的所有权。 • 员工将团队外部人员的反馈视为改进其系统和流程的机会

（经许可转载参考文献 4.5 中表 1.4）

4.2.2 标准

工程、操作和管理标准为正确设计、恰当安装以及有效检查、测试和维护提供了一个框架。标准可以通过行业共识来制定，也可以由贵公司专门制定并供公司内部使用。大多数公司会结合使用行业标准和内部标准。一些内部标准可能会为外部标准提供实施细节，二者协同使用。

因此，企业标准是公司或行业从内部和行业事件以及未遂事件中吸取经验教训的绝佳方式。标准还提供了设计、实施和操作的一致性，以帮助确保屏障性能。标准也有助于避免重新发明。

出于类似的原因，许多法规将某些标准作为其要求。欧洲法规参考了良好工程实践(SEP)等标准。美国 PSM 法规使用“公认并被广泛接受的良好工程实践”(RAGAGEP)一词。其他以标准为基础制定法规的国家也使用类似的术语。

这些规定是个很好的起始点。要记住，这些规定仅仅涉及设备的设计和维护方面。此外，它们通常允许依据当时现行标准版本所设计的旧设备也符合规定(有时被称作“祖父条款”)。

即使旧版本的标准未能有效控制风险。规定也未考虑诸如 API-RP754(过程安全指标)这样的管理标准或诸如 API-RP755(疲劳管理)这样的操作标准，以及它们的国际等效标准。因此，你不应仅仅依赖合规性。如果在你们的内部标准中考虑了“祖父条款”，那你们至少应该要求依据“祖父条款”的装置满足公司的风险标准。这有时被称作“棕地标准”要求。

慎重考虑“祖父条款”

许多标准将依照当时版本制造的旧设备视为可适用“祖父条款”。换句话说，即便旧设备不符合当前要求，它们也可能被视作符合规定。记住，仅仅符合规定是不够的。这些标准是基于新的经验教训而修订的。因此，你必须对适用“祖父条款”的设备进行评估，以确保它们仍能满足你的风险标准。如果不满足，就需要增设屏障或重新设计。

由于标准存在于广泛的学科中，管理标准类别的责任通常分散在几个高级主管和中层领导岗位中。因此，高级主管负责管理公司使用的标准。表 4.5 总结了标准职责的典型分布。

表 4.5 标准责任分配示例

负责任的领导	负责的考试标准
高级主管	风险标准，PSMS
工程(中层)	设计(例如，容器、减压装置和间距)
运营和维护(中层)	ITPM、标准操作程序、安全工作实践和保命法则①
人力资源	疲劳管理
基层员工	忠实地使用和遵守标准

① 人力资源管理公司的保命法则。

负责标准的人员必须确保公司使用的是最新的外部标准。让团队中的领导或专家加入相关标准的共识委员会，或者委派专家参与其中，这会很有用。这样能使公司在新的标准制定过程中有发言权，并能知晓即将发生的变更。对于内部标准，领导们需要关注事故及未遂事件的经验教训，并将这些纳入更新内容中。

外部标准可能是全球性的，如国际标准化组织(ISO)和国际电工委员会(IEC)发布的标准。正如本书其他章节所述，合规是强制性的，但还不够。因此，公司必须确定外部标准是否足以控制风险，以满足公司风险标准。如果没有，可能需要额外的内部标准。

4.2.3 资产完整性和机械完整性

作为领导者，依靠资产完整性来确保：

- 屏障，包括联锁装置、泄压系统和安全仪表系统，都是可用的，并且可以在需要时执行其功能；
- 仪表和控制元件按要求运行；
- 管道、容器及其他设备能安全容纳相关物料。

资产完整性范围

- 优化资本与维护成本，并进行可维护性设计。
- 提供资源并开展培训。
- 安排并执行基于风险的完整性维护计划(ITPM)。
- 专业地分析任何延期情况。
- 进行跟踪。
- 核实绩效。

CCPS 使用术语资产完整性来更完整地描述通常称为机械完整性(MI)的过程安全要素。法规中定义的 MI 通常仅适用于与法规规定的特定设备相关的检查、测试与预防性维护(ITPM)活动。资产完整性涵盖所有用于危险工艺的设备。资产完整性还涉及设计活动，包括设备材质的选择以及可维护性的过程和布局设计(参考文献 4.6 和 4.7)。

因此，作为任何级别的领导者，你必须更广泛地关注资产完整性，而不仅仅是 MI，以确保你的屏障和运营的其他方面具有所需的可靠性，以满足你的风险标准。

高层管理人员需要确保公司和设施资产完整性计划有效运作。这包括监控企业和设施资产完整性指标，并采取行动解决它们所揭示的差距。寻找设备故障增加或设施在 ITPM 任务上落后的迹象。此外，定期检查指标是否反映了真实情况。

中层运营负责人需要确保：

- 设备检查、测试与预防性维护(ITPM)要求得到充分明确，并且设备在设计上应具备可维护性；
- 有足够的、经过培训的人员来识别、执行并验证所有的 ITPM 任务；
- ITPM 任务能按计划完成，避免任务逾期以及偏离标准程序的情况常态化；
- 在有必要推迟 ITPM 时，需运用专业分析来证明推迟决策的合理性。

基层领导者应该确保 ITPM 是否正确。基层领导者还应该提供任何问题和经验教训，以便及时解决(例如，在设计寿命前经常出现故障的组件)。

你的 ITPM 是否逾期?

当工艺设备和屏障的 ITPM 不是最新的时候，你不知道它们在被调用时是否会按预期运行。如果你不知道，你怎么能为此降低风险呢? 如果你逾期未进行 ITPM，则不符合公司风险标准。

注意使用专业评估。在维护活动中考虑同类替换(RIK)时。RIK 允许用符合相同规范的组件替换组件，而无须执行变更管理(MOC，见第 4.2.5 节)。在某些情况下，规格可能不完整，未能定义替换可能不符合的组件的关键属性。

基层员工应以专业精神进行 ITPM。操作员和维修技师按照规定的时间表执行 ITPM，对于可能出现的任何延误都要及时向领导报告。工程师应设计流程和设备，使 ITPM 活动尽可能容易进行。工程师还应优化设备的使用寿命。

要仔细权衡投资成本与维护成本。例如，你可能会迫于压力为某件设备选择抗腐蚀性较差的合金以降低投资成本。但那种合金可能需要更频繁的检查，这也是有成本的。或许更重要的是，如果设计师感受到了成本压力，他们负责维护的同事可能也会感受到类似的压力从而降低检查频率。这些因素结合起来可能会使流程难以可靠地满足风险标准。因此，要把投资成本、长期的 ITPM 成本及资源都考虑进去，同时也要考虑到自己抵御过度降低维护成本压力的能力。

4.2.4 操作程序和安全工作实践

操作程序(OP)和安全作业实践(SWP)规定了给定任务的步骤，并描述了应如何执行这些步骤。操作程序适用于生产流程，供操作员使用。安全工作实践通常适用于 ITPM 和非日常工作，也适用于维修技师、操作员和在现场工作的任何其他人。OP 和 SWP 都是操作准则/操作规程的关键部分，明确描述了如何安全地开展工作。因此，必须严格遵循。

高质量的操作规程一般会详细介绍工艺过程，指出工艺过程中存在的危险性，并规定防范这些危险所需的保护措施。操作规程还会说明安全操作范围以及超出这一范围可能造成的后果，并提供如何排除故障的指导，同时还规定了应该采取的应急措施。

安全作业实践同样描述了要采取的行动、潜在危险和个体防护装备(PPE)以及其他屏障，包括控制危险能源(即上锁/挂牌)和坠落防护。特殊 SWP 通常用于动火作业、断开管道和容器打开、密闭受限空间进入和电气安全。一些企业在其职业安全管理体系内纳入了安全作业规范，只要满足公司风险标准所需的所有考虑因素都得到了解决，这是可以接受的。

EX

尽管高层管理人员通常远离 OP 和 SWP 的日常使用，但他们负责制定和执行适用于 OP 和 SWP 使用的保命法则(见第 3.4.2 节)。高管们还负责在工作中遵循 SWP 和 OP。虽然高管们遵循的大多数 SWP 都与职业安全有关(例如，使用安全带、使用楼梯时扶栏杆等)，但公司里的人确实注意到了，这会产生影响。

ML FL

中层和基层领导需要推动全面遵守 OP 和 SWP。其中一个重要部分是确保 OP 和 SWP 反映必须执行的活动。不准确的程序可能会导致事件，无论是直接还是间接的过程，最终导致偏离的常态化。中层和基层领导还必须控制程序的修订，在过程知识管理系统中更新程序，并确保在现场只使用最新的程序。基层领导还必须定期验证程序是否是最新的并得到遵守。

基层员工通常比他们的领导者更了解如何操作工艺并更好地执行非工艺工作。因此，许多公司采用了让操作员和维修技师编写程序的良好做法。工程师和基层领导提供技术指导并确保准确性。经验表明，操作员和维修技师编写的程序也更容易可靠地遵循。基层员工还必须在发现 OP 和 SWP 不正确、不充分或不清楚时启动更新，并在看到更好的方法时提出更新建议。

为了理解而编写

确保程序尽可能接近阅读水平。

这将提高程序的理解程度。

所有领导都应警惕与程序相关的即将发生问题的预警信号，例如：

- 操作员和维修技师仅把程序记在脑子里。你怎么知道他们记住的版本是现在的版本?
- 勾选方框思维，完成检查表，但跳过一些步骤。
- 工作许可由工作人员授权。
- 工作许可证在办公室发放或关闭。如果签发人没有到现场查看，他们就无法正确地看到工作现场的潜在危险。
- 大量积压的工作许可证，这可能会导致走捷径的现象发生。
- 工作在许可证发放之前就开始了，生产在许可证关闭之前就重新启动了。
- 被切断的锁，或者频繁申领新锁的情况，都表明对危险能量的管控不力。
- 嘲笑遵守操作流程的同事。

4.2.5 变更管理

变更管理(MOC)是一个过程，有助于确保设备、过程和材料的变更不会引入新的危害，并且该过程继续符合公司风险标准。过程安全 MOC 可以与其他业务领域(如质量、环境许可以及食品和药品批准)所需的 MOC 集成。

除同类替换(RIK)外，所有更改都需要 MOC，有时也称为“同类对同类”。只有当一个组件或材料被另一个符合相同规格的组件或材料替换时，RIK 才存在。即使是旨在降低风险的变更也应受到 MOC 的约束，因为变更可能会产生一些新的风险。如前一节所述，应仔细考虑 RIK，因为规范可能不完整。例如：

- 可以指定铸件的合金，但不指定铸造方法。替换铸件可能没有正确铸造，导致其过早失效。
- 粉末的平均粒径可以指定，但细粒的百分比可能没有指定。细粉可能会导致加工问题或聚集后存在粉尘爆炸危害。

因此，采购负责人在帮助工程师和 MOC 协调员了解新供应商提供的设备和材料的特性如何影响“不成文的规格”方面发挥着至关重要的作用。他们不仅仅是买家，他们必须与工程师和运营人员合作，这样双方都能理解规格的含义。

高层管理人员必须部署一个强大的 MOC 计划，明确规定如何提出、优先评估、批准和实施变更。评估通常需要某种形式的过程危害分析(见第 4.1.2 节)。一些 MOC 程序根据无屏障的过程风险指定了过程危害分析的类型。同样，应确定批准级别，由高层领导自己负责批准最高风险流程的变更。

高层管理人员还必须确保遵循 MOC 流程。这通常是通过审核(见第 4.4.1 节)和管理评审(见第 4.4.4 节)完成的。

杜绝“先上车再买票”

有关方面会向生产人员施加各种压力，要求快速实施变更。生产人员可能会首先进行变更并重新启动装置，然后再完成变更管理评估和相关手续。这种“先上车再买票”的方式也许能够满足监管部门的要求，但很容易忽略关键问题。领导者应该注意变更管理过程中存在此类问题的迹象，在出现这种行为时，及时而坚决地采取纠正措施。

ML 中层领导必须分配 MOC 职责并确保设施忠实地遵守公司的 MOC 程序。在许多机构中，商务部的评估人员将向中层领导报告，以维护这种指导关系。中层领导人也将作为该设施的许多 MOC 的批准人。这并不一定意味着这些领导将审查所有的文档、计算、测试和评估。他们必须能够确定工作已经足够严格和专业的完成。

MOC 程序的设置要避免利益冲突。一般来说，在变更中拥有既得利益的个人不应该作为该变更的评估人。高管和中层领导人应监督项目的利益冲突迹象，并及时解决任何此类冲突。

FL 基层领导通常会发起变更管理(MOCs)。他们必须明确界定所请求的变更内容、可能需要的任何新防范措施，并为该变更设定合理的优先级。你可能会忍不住将所有变更都视为高优先级。然而，这样做会给 MOC 评估人员带来不当压力，这可能会促使他们偷工减料(走捷径、不按规范流程办事)。

相关员工可以支持基层或中层领导启动 MOC 或进行变更管理评估。作为员工，你有责任以专业的态度开展这项工作，在处理不熟悉的情况时寻求帮助，并及时提出问题。

近年来，许多设施都在努力提高变更管理(MOC)的效率。电子变更管理系统(e-MOC)已变得很常见。这些系统有助于满足文件流转和文件管理方面的需求，还能通过工作流程管理来加快相关流程。电子变更管理系统的一个潜在弊端是，它可能会诱使参与者自行其是，而不是与所有利益相关者全面地讨论 MOC 事宜。

避免 MOC 审批缺口

随着电子变更管理的普及，出现了新型缺口。注意避免责任缺口，即每个审批人都认为其他人会关注这些问题，而实际上没有人关注。

因此，所有领导者都应该特别努力鼓励 MOC 过程中的沟通。一些公司利用变更管理委员会来确保跨职能小组对变更进行审查和讨论，并适当解决相互依存关系。此类委员会通常包括中层现场负责人，他们在批准之前审查已完成的 MOC。这为领导者提供了一个额外的平台，以展示他们对过程安全的个人承诺，并树立榜样，说明对设施所有变更进行技术/功能审查的重要性。

当关键部件发生故障时，可能需要使用紧急 MOC 来保持设施运行。紧急 MOC 应该很少见。若非如此，资产完整性可能存在缺口。尽管如此，在需要紧急 MOC 的情况下，应该有一个明确的流程。请记住，MOC 审查员和批准人可能只在工作日的白班在工厂。因此，应预先建立通过电话远程处理紧急 MOC 的程序。该程序应至少规定在请求紧急 MOC 之前所需的信息类型和要咨询的现场岗位。所有紧急变化应尽快恢复到正常运行状态，并做好记录。

产品或工艺试验或维修也可能需要临时 MOC。应计划和安排临时 MOC，不应在紧急情况下进行。试验的临时 MOC 应该有一个到期日，到期后必须将过程恢复到正常状态。如果试验必须延期，则必须完成一个新的临时 MOC。

临时性变更不应变为永久性的

领导者应留意是否有未经适当的变更管理(MOC)审查和批准就将临时性变更变为永久性变更的迹象。如果一项试行的变更要变为永久性的，那么针对该永久性变更还需要进行第二次变更管理操作。这是因为试运行的临时屏障很可能与永久性工艺所面临的屏障不同。

中层和基层领导应警惕“缓慢的变化”的潜在影响。这些变化可能发生在做出几项小变化后，这些变化都符合安全操作限制确定的工艺操作窗口(范围)，因此不受 MOC 过程的评估。最简单的是，如果更改将操作条件移动到窗口边缘，则该工艺更有可能在该窗口之外发生偏移。

但情况可能比这更复杂。实际上，操作窗口往往是通过对温度、压力和液位等几个单一工艺变量设置上限和下限来建立的。然而，当一个工艺变量偏离其范围的中间时，其他变量的安全范围可能会变小。一般来说，这些信息应该在工艺知识数据库中可用，但可能需要粗略的分析才能发现。最重要的是，在决定不需要 MOC 之前，有多个小变化或改变多个工艺条件的过程可能需要更详细的分析。

除了工艺变更，组织变更也必须得到管理。一些公司将组织变更管理(OMOC)作为其变更管理要素的一部分。有些公司则将 OMOC 作为保持能力的一部分。由于与能力的密切联系，本书在第 4.3.1 节的能力要素中讨论了 OMOC。

4.2.6 应急管理系统——准备和响应

应急准备和响应措施和计划属于减缓性屏障(见第 4.1 节)。当发生泄漏事故时，需要它们来减少事故的后果。在几乎所有后果情景中，应急准备和响应措施都被视为提供一定风险降低作用的屏障。因此，与所有其他屏障一样，必须管理应急功能的可靠性，以确保在需要时正常运作。

与许多其他屏障不同，应急管理要素几乎适用于每个工艺。因此，如果应急准备或响应能力失效，整个现场的风险可能会增加。

应急响应设备和人员通常分布在整个设施中。由于大泄漏很少发生，因此应急响应资源很容易被转为他用，对此你必须坚决反对。许多事件的经验表明，应急响应能力的下降会大大增加现场和场外的伤亡人数。

应急响应需求差异很大，在很大程度上取决于工厂规模、现场管理的危险性以及与外部资源的靠近程度。领导必须确定现场可能需要的应急响应类型，然后配备执行这些响应所需的设备和经过培训的人员。通过卡车、铁路、驳船和船舶运输产品的公司还必须确定运输中这些材料的应急响应措施。

应急响应人员和设备可以通过多种方式进行分级、维护和培训，如表 4.6 所述。一些工厂和拥有多个生产工厂的公司使用这些方法的组合。

表 4.6　应急响应组织方案

设置方式	适用情况
驻场的人员和设备	大型综合场所及远离外部资源的场所
配备分散人员和设备的互助模式	通常由不同业主组成的一群场所，它们同意在必要时调配其人员和设备去协助其他场地
驻工业园区的人员和设备	工业园区内的场地应急组织，由园区为园内场地提供应急响应服务
当地(有偿和志愿的)应急响应人员	靠近市政当局、具备应急响应能力的中小型单一场地应急组织
没有安排人员和装备。发生事故时撤离人员，让火势自行熄灭或让有毒物质自行消散	如果能安全进行的话，可应用于规模更小的偏远场所

高层管理人员需要确保整个公司有足够的应急准备和管理。必要时，高管可能需要与其他制造商协商未来服务协议。同样，应与道路泄漏、火灾和油井井喷等事件提供专业应急响应服务的公司，预先订立全国或全球服务协议。

中层领导需要确保他们的设施有足够的应急计划和充足、训练有素的应急响应资源。同样，所有现场人员都应熟悉并熟练掌握应急程序。所有人员在观察到事故时都应该确切地知道该做什么，如果疏散警报响起，该去哪里。

应以最严重后果的情景为基础开展频繁且强有力的演练。示例包括但不限于应急设备操作、安全停车程序、逃生面罩的使用以及从海上或近海构筑物的疏散，但并不仅限于这些。

基层领导应确认其团队了解并遵守应急响应程序。他们还有责任通知一起工作的承包商了解应急程序，并确保承包商遵守这些程序。

无论是演习还是实际事件，每个员工都需要充分了解应急程序并遵守这些程序。他们还必须注意同事，确保他们遵守应急程序。

在讨论这个话题时，必须提及“人员倒下”这一具体情况。很多时候，看到同事倒下的工人会急忙冲到同事身边，结果却被同样的窒息性或有毒物质所侵害(参考文献 4.8~4.11)。所有工人都应明确了解，对任何一名倒下同事的救援都必须由经过适当培训并要佩戴空气呼吸器。这就需要定期开展演练和培训，以克服人类本能的冲上去施救的倾向。“人员倒下”演练怎么频繁开展都不为过。

先戴好自己的面罩再去帮助他人

在每次飞行前的安全提示中，机组人员都会提醒乘客，万一机舱内空气变得不安全，他们应该先戴上自己的面罩，然后再去帮助其他乘客。每次飞行前都会重复这一提示，以便随着时间推移让乘客养成正确的行为习惯。

同样，需要让工人们养成避免采取冒险举动的习惯，比如在发生泄漏时冲进有毒或可燃气体云团去关闭可能阻止泄漏的阀门。在这种情况下，以及上述窒息情况下，需要经常进行培训和提醒，以克服人们在不首先穿戴适当个体防护装备的情况下拯救生命的动机。员工需要领导的支持，即疏散是适当的应对措施，并需要互相的提醒，在这种情况下做正确的事。

应急管理很容易成为偏离常态化的对象。由于过程安全事件很少发生，很容易忘记计划、评估应急程序和进行演习。具有讽刺意味的是，随着文化和PSMS绩效的提高，以及事件发生频率的降低，偏离应急准备的可能性会增加。然而，应急管理是风险管理不可或缺的一部分，必须得到维护，就像工艺设备必须得到维护一样。

4.3 能力(组织中的能力)管理

> **概述**
> - 指定能力需求。
> - 提供培训以确保能力。
> - 维护过程知识。
> - 管理承包商的能力。

各级领导必须确保他们的组织中配备适当数量的员工和承包商，他们具备安全运营所需的所有知识和技能。对于过程安全，领导者必须确定所有岗位所需的知识和技能，提供必要的培训以提高熟练程度，并维护知识库。

4.3.1 能力

所有工人都有一些过程安全责任，即使是那些远离运营在办公室工作的人。每个人都必须有能力履行自己的职责，否则组织的能力将受到影响。组织能力还取决于在合适的地方拥有足够的技能人员。

简单地说，公司应该保持足够的能力来安全地识别和管理其工艺危害。在能力要素中，领导者应该：

- 确定领导、管理和安全运营所需的技能和资源；
- 提供这些技能和资源；
- 管理组织变更对能力的影响。

第5章对典型岗位的过程安全领导能力进行了高层次的总结。然而，每家公司根据自身的工艺流程和风险情况，所需技能清单会有所不同。美国化学工程师协会化工过程安全中心(CCPS，参考文献4.12)为制定涵盖众多岗位的此类能力概况提供了有用的参考。

组织中的所有领导者都有责任确保其组织具备所有必要的能力。应定期进行正式的能力分析(参考文献4.12)，以确定已经改变的能力需求，并确定可能出现的差距。

能力差距最有可能出现在：

- 员工担任新职位的最初几个月；
- 组织变更、缩编和扩张；
- 外包的初始阶段和更换承包商时；
- 在场地资产剥离前后；
- 在场地关闭之前的时间里。

当一名员工在职责不变的情况下更换另一名员工时，组织变更管理相当简单。作为他们的领导者，你需要提前确保员工有能力执行其能力配置文件中的每项过程安全任务。根据岗位的过程安全关键性，可以考虑以下方法：

- **极端关键性：** 在人员担任该职位之前，必须证明其能力，关键决策由具备充分知识的人员在合理的时间内进行审查。

- **高度关键性**：在担任该职位之前，必须证明该人的能力。
- **中等关键性**：在人员担任该职位之前，必须证明其知识，并且必须在指定的时间范围内提供特定的培训(课堂或在职)。
- **低关键性**：必须传授基本知识并展示能力。

鉴于变更管理(MOC)的重要性，负责审批 MOC 的岗位通常被视作高度或极其关键的岗位。此类岗位的一个常见最佳实践要求，相关人员在能够签署批准 MOC 之前，要提供其在新岗位涉及的所有过程安全方面具备相应能力的证明。

更复杂的场景通常需要多人次人员调动，并且经常需要重新设计能力配置文件。要对这些场景进行完整的组织变更管理分析：

- 清点当前操作中所需的所有过程安全能力。
- 确定需要增加或减少哪些能力，包括外包岗位。
- 确定是否需要增加或减少某些能力的资源需求。例如，如果一个装置正在关闭，则可能不再需要该装置的 ITPM 资源。
- 根据调整后的能力清单，确保分配人员执行每项能力和任务。
- 确保指定人员有足够的能力和时间履行职责。

4.3.2 有效培训

当人们学习驾驶时，他们会花费大量的课堂和学习时间学习道路规则和驾驶技巧。然后，他们进行测试，以验证他们是否具备所需的知识。然而，即使有了这些知识，他们也不知道如何开车。只有当他们在越来越具有挑战性的情况下获得驾驶经验时，才会知道如何开车。他们只有在满足经验要求并通过能力测试后才能获得独立驾驶执照。即便如此，在获得额外经验之前，他们可能也不允许在风险较高的情况下(如深夜)驾驶。

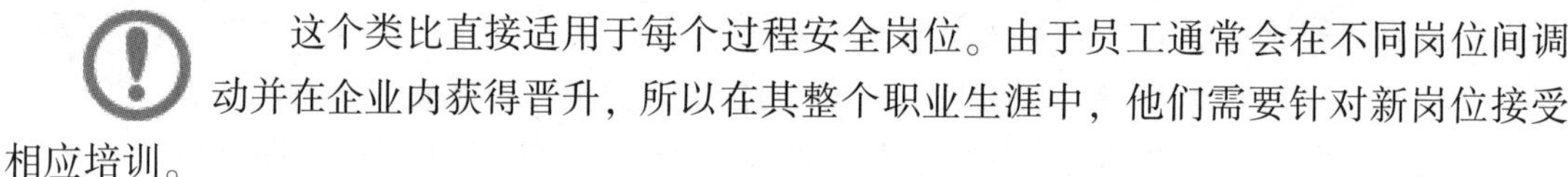

这个类比直接适用于每个过程安全岗位。由于员工通常会在不同岗位间调动并在企业内获得晋升，所以在其整个职业生涯中，他们需要针对新岗位接受相应培训。

表 4.7 对不同的培训方法进行了比较并给出了一些示例。针对某一特定能力的培训可能会涉及不止一种方法。一般来说，岗位对过程安全的关键性越高，培训就应该越具针对性且越注重实践操作。

表 4.7 培训类型

培训类型	适用的情况	示 例
一对一	辅导	非技术负责人进入运营岗位
	岗位转化指导	员工晋升以接替其主管岗位
课堂教学	多人	特定危害培训
	深入主题	专业技能培训
动手操作	当需要经验和直接反馈时	过程危害分析(PHA)主席、变更管理(MOC)审批人
		操作特定设备
在线学习	主题简单，数量大	现场基本安全规则和一般原则

所有培训都应在每节课结束时进行某种形式的测试，以证明教授的材料已被学习。考虑到培训和由此产生的能力对于满足公司风险标准至关重要，该课程的及格分数应为100%。随着岗位关键性的增加，应在培训后的几个月内进行额外的测试，以证明学习内容得到记忆，任务按照培训要求正确执行。

EX 作为确保公司整体能力的一部分，高层管理人员需要监控整体培训指标，并为公司提供足够的培训资源。任何以前没有接触过过程安全危害和管理概念的高层管理人员都需要接受这些主题的培训。这种培训应该通过事故案例来加强，比如视频和演示。

探讨一些案例分析，这些案例能展现过程安全事故的破坏力以及它们对人员、财产、股东价值和环境造成损害的方式。一些公司会根据自身情况，开展粉尘爆炸、蒸气云爆炸或失控反应等小规模现场演示，以提升领导和员工的敬畏心认知。

ML 中层领导需要为其所在的组织提供所需的培训。来自非工艺背景的运营领导，除了要接受上述针对高管提到的一般过程培训外，还应接受与其过程安全角色相关的特定培训。

FL 基层运营领导在担任职位时，通常在某些过程安全领域具备技能，但在其他方面存在不足。需要开展培训来填补这些差距。基层领导可能也会直接为其团队提供培训。如果是这样，他们可能需要得到培训师方面的培训。

其他个体员工需要接受与其岗位相适应的培训。除了任何基于技能和程序的培训外，所有员工都应该接受培训，了解他们在执行工作时可能遇到的危险，以及他们必须做些什么来控制这些危险。许多法规要求对危险和控制进行复训。无论法规是否需要，复训都有助于保持对危险的警觉性。表 4.8 提供了各种员工岗位的典型培训需求的部分内容。

表 4.8 个体员工的培训需求示例

岗　位	需要的典型培训
操作人员	工艺危害 操作程序
维修技工	工艺危害 维护程序
设计工程师	工艺危害 过程危害分析(PHA)方法 泄压阀设计
工厂会计	工厂工艺危害(高风险) 应急疏散程序
接待员	应急疏散程序

4.3.3 过程知识管理

过程知识包括描述设施设计、施工、运营和维护的所有信息。许多 PSMS 和美国 PSM

法规使用相关术语过程安全信息(PSI)来表示这些内容。然而，作为领导者，你不仅应该掌握信息，还应该掌握如何安全操作、可能出错的地方以及工艺防护屏障是如何运作的知识和理解。换句话说，过程知识是企业能力不可或缺的一部分。

过程知识是其他过程安全管理体系(PSMS)要素的基础，尤其在危害识别与风险分析/过程危害分析(HIRA/PHA)、操作程序、变更管理(MOC)以及资产完整性方面最为显著。因此，每当进行变更时(即通过 MOC 要素进行变更)，过程知识必须保持更新。若不如此，就会为偏离的常态化问题和错误埋下隐患，例如：

- 在过程危害分析中遗漏后果场景以及风险降低措施评估有误；
- 变更管理错误；
- 操作程序错误；
- 减压系统设计不正确；
- 隔离和锁定/挂牌不完整；
- 未能检查、测试或维护关键设备；
- 在审查过程中未能发现问题；
- 确定事故根本原因的难度增加。

将过程知识视为需要投资、维护和保护的宝贵资产。

高层管理人员利用过程知识，对照风险标准来理解设施和工艺过程的风险。因此，高层管理人员需要为公司提供一个强大的文档管理系统，用于存储过程安全知识并保持其最新状态。

中层领导和基层领导运用过程知识来管理其业务的各个方面，尤其是资产完整性和变更管理(MOC)。随着设施的发展演变，中层领导需要确保过程知识能不断更新。

基层员工也会利用过程知识来进行故障排查、工艺改进、过程危害分析(PHA)，等等。工程师和过程安全专家通常会在发生变更后更新过程知识。这应该是自动进行的流程，绝不能拖延。

过程知识必须提供给任何有合理需求的人。有些公司会犯这样实在不应该的错误，即限制人员直接与安全部门接触获取相关流程知识。

他们的理由是这样能更好地管控文件资料，防止无效信息被收录。在这种情况下，需要流程知识的人员必须通过安全部门来获取。经验表明，这种架构会导致需要信息的人员做无用功，或者从非官方渠道获取数据，而这些数据可能不准确、不是最新的，或者不适用于他们的业务操作。因此，更好的做法是利用安全部门来核查数据库中的流程知识，而不是让其充当数据库的守门员限制访问。

4.3.4 承包商管理

公司使用承包商代替员工的原因包括：

- 在生产大修和试生产等高工作量活动期间补充员工；
- 提供偶尔需要的专业服务或专业技能；
- 执行不是公司核心竞争力的工作。

承包商的任务范围可能从几个小时或几天的任务到相当长期的任务。当承包商执行被认为不是公司核心竞争力的工作时，他们可能会一直在现场。

承包商可能面临与员工相同的过程安全风险，在某些情况下，风险可能更大。因此，所有过程安全风险管理活动都应控制承包商的风险，以满足适用于员工的相同风险标准。

让承包商在设施 PSMS 的框架内安全工作可能很复杂。

通常，合同条款规定，该设施不能直接管理或培训承包商，以避免共同雇佣问题。在这种情况下，企业必须就危险源和防护措施向承包商公司的管理层进行指导，然后承包商的管理层必须对其进行指导。同样，提供纠正性反馈也可能必须通过承包商的管理层传达给承包商。最后，承包商有时会使用分包商，这只会增加这一挑战的复杂性。

即便合同规定承包公司必须提供培训，也要核实承包商的能力。毕竟受到影响的是你们自己的设施。

然而，避免共同雇佣问题并不意味着公司不应确保承包商具备相应能力。对于许多任务而言，确保承包商具备相应能力对满足公司的风险标准至关重要。这些任务包括在承压设备上进行焊接、对安全仪表系统进行测试，以及任何关键防护设施的设计、运行或维护工作。此外，应当像要求员工一样严格要求承包商遵守保命法则。

尽管在设施的过程安全管理体系(PSMS)内管理承包商颇具挑战性，但让承包商与受服务企业的文化相契合可能要困难得多。承包商带着他们自己企业的文化以及他们曾工作过的其他企业的文化影响而来。例如：

- 在几乎没有操作行为/操作纪律的企业中工作过的承包商，可能不会以你所期望的谨慎态度开展工作；
- 在经常走捷径的企业中工作过的承包商，可能会在你们的企业中也这么做。

承包商可能也曾在过程安全文化更为成熟的企业中工作过。这对现场领导来说是一个从承包商的经验中学习和改进的绝佳机会。

承包商通常会受到商业承诺的激励，要在有竞争力的工期和价格下提供服务。他们可能担心如果未能按时完工或超出约定价格，未来的业务可能会受到影响。这种担忧可能会导致他们走捷径以及出现其他违规常态化的情况，即便那些有着良好业绩记录的承包商也不例外。

你需要留意承包商进度落后或超出预算的情况，并仔细考虑如何与他们讨论这些情况。拍桌子并要求承包商按时完工很可能会驱使他们走捷径。通过讨论承包商如何能安全地完成工作，并且如有必要，重新审视工期或预算，你会得到更好的结果。此外，你应该更密切地监督承包商的工作，以确保他们的工作始终符合你的能力标准。

承包商也希望取悦作为他们领导的你。因此，你有责任确保你要求他们做的事情是安全的。无论事情是否安全，承包商可能为了取悦你而去做这项任务，所以确保安全要靠你自己。你还应该注意在你以为没人在听时所说的话。如果一个承包商无意中听到你说类似“我真希望我们不必上锁挂牌”这样的话，哪怕是开玩笑，他们也可能会如你所愿不做这件事。

EX 高层管理人员通常负责处理较大的合同，包括资本项目和主要服务协议。他们承担着主要责任，要确保这些合同的执行符合公司的风险标准。高层管理人员应核实其所在组织对更本地化的承包商安排进行管理时也遵循风险标准。负有法律和人力资源职责的高层管理人员必须制定适当的策略，以防止共同雇佣问题，同时消除为承包商提供关键危害信息和培训的障碍。

ML FL 在工厂员工与承包商雇员合作执行任务时，中层和基层领导必须实施管理，并将承包商融入公司的过程安全文化和PSMS。他们必须确保承包商经过适当的培训，遵守程序，沟通问题，并且通常具有与员工相同的操作纪律。

基层员工是承包商的文化榜样。他们必须表现出适当的操作纪律性，并指导承包商也这样做。当问题出现时，基层员工应迅速将其上报到领导层。

承包商领导层与公司领导层具有相同的过程安全责任。他们应确保员工经过充分培训，有能力胜任工作，并且公司已为其员工提供了安全履行合同工作所需的所有信息。他们需要监督员工的工作条件。当员工暴露在风险中时，他们必须向业主公司领导反馈，要求采取行动。如果他们的工作质量可能导致设施的不安全运行，他们还必须提醒业主公司，尽管这可能很尴尬。

4.4　核实绩效并改进

4.4.1　审核

与任何其他业务实践的审查一样，PSMS审核在治理和风险管理中发挥着关键作用。过程安全审核是独立的审核，以确定PSMS是否按预期运行并符合法规和公司标准。具有强大过程安全文化的公司和设施也将利用审核来确定改进PSMS和文化的机会。

正式审核通常每3年进行一次。然而，公司认为风险较高的设施(见第4.1.1节)可能会被更频繁地审核。许多公司还经常进行非正式审核，有时侧重于有针对性的改进领域。

拥有强大安全文化的公司欢迎审核，并鼓励其员工与审核人员充分合作。同样，审核人员也应以建设性的方式履行职责，向设施员工表明审核是一项建设性活动，而非惩罚性的。

由于审核发现的问题代表着可能导致事故的薄弱环节，拥有强大过程安全文化的公司会努力尽快纠正这些问题。如果某项问题在上一次审核中就已存在，此次审核又再次出现，这就表明存在文化方面的薄弱之处。

概述

- 审核；
- 指标；
- 事故调查；
- 管理评审。

审查所揭示的薄弱文化迹象

- 对审查感到恐惧。
- 领导不出席开场和闭幕会议。
- 难以安排与领导及其他关键人员的面谈。
- 背后搞小动作，试图在审计结束前清除存在问题的证据。
- 存在“走形式”的迹象。
- 环境维护不佳。
- 文件归档杂乱无章。
- 试图分散审查人员的注意力。
- 以成本为由对审计发现的问题进行解释。
- 对每一项发现的问题都提出疑问。

高层管理人员负责过程安全审核，这是其整体审核和风险审核计划的一部分。审核职能的设置可以是作为公司组织内部的独立监督职能，也可以设在公司法律部门内，还有其他组织设置选项。成功的关键在于避免审核职能与直线组织（业务部门）之间存在利益冲突。

中层运营经理通常是审核的接受方。他们主要负责为审核人员提供不受阻碍地查阅记录、接触员工以及进入设施的权限。在审核期间，他们可以引导审核人员获取那些审核人员未能找到但可能会推翻某项审核发现的信息。除此之外，中层领导应该支持审核人员，并感谢他们发现漏洞以便能够加以弥补。审核结束后，应尽快填补这些漏洞。

基层领导和基层员工通常会接受审核人员正式或非正式的访谈，并为他们找到记录资料、现场位置以及其他受访人员。他们的主要责任是就自己如何履行职责如实、坦率地进行说明。和中层领导一样，当审核人员发现漏洞时，他们也应该支持审核人员并表示感谢。

4.4.2 指标

指标，有时也被称作关键绩效指标（KPIs），是常见的管理工具，用于监测状况并推动改进。因此，领导者需要借助指标来帮助监测过程安全管理体系（PSMS）和企业文化。你应该设定适量的指标，对过程安全管理体系各要素的绩效以及企业文化进行跟踪。

> **我应该使用哪些指标？**
> 美国石油学会（API）的RP－754规范（参考文献4.14）介绍了大量指标选择方面的行业经验。CCPS也提供了其他一些有价值的参考文献（参考文献4.15和4.16）。

在选择和使用指标时你应当格外留意，确保它们能衡量你所期望的内容并推动正确的行为。例如，如果你希望有一个衡量任务完成情况的指标，那就要确保涵盖所有记录任务的环节。同样，要包含对完成情况的恰当核实，以避免“打钩了事”的行为。

当指标用于监测过程安全管理体系（PSMS）和企业文化的绩效，而非个人绩效时，你将从这些指标中获得最大的价值。在后一种情况下（即用于衡量个人绩效时），你可能会促使领导和员工隐瞒负面结果。基于这个原因，要避免基于过程安全指标用于设置绩效激励，除非它们能促进并衡量积极的行为。

一旦为公司建立了过程安全指标，每个领导者都有责任收集和分析其控制范围内的数据。所有领导者都应该了解指标结果和趋势的原因，包括指标为什么始终良好。

事实上，持续良好的指标可能是麻烦的警告信号。虽然良好的指标确实可能来自出色的表现，但也可能是由以下原因造成的：

- 打钩了事；
- 数据收集系统或流程存在问题；
- 在期限内经常延期；
- 将有问题的系统排除在指标之外；
- 衡量了错误的事项；

- 篡改数据。

因此，领导者应当对一贯不变的指标——尤其是一贯表现良好的指标提出质疑，以确保其真实性，然后采取恰当的行动。

最后，那些确实能证实卓越绩效的一贯良好的指标，可能会提供一个将注意力转移到过程安全管理体系（PSMS）不同部分的机会。要寻找改进的机会并制定新的指标，以支持该领域的提升。

4.4.3 事故调查和由此产生的行动

事故，包括实际泄漏，尤其是未遂事故，为公司提供了学习和改进 PSMS、文化和过程知识的最佳机会。当然，优秀的领导者总是寻求学习和改进。但事故有助于推动改进，原因有两个：

- 未遂事故或泄漏清楚地暴露了存在的缺陷；
- 无论是否有人受伤，当事故发生时，每个人都会感到更加脆弱。这有助于激励行动和后续整改。

因此，当发生事故或重大未遂事故时，所有领导都需要全力支持事故调查过程。应成立一个调查小组，并在安全条件下进入事故地点会合。然后，团队应使用适当的调查方法（参考文献 4.17）进行公正的调查，直到找到根本原因——PSMS 或过程知识中的根本缺陷。具体而言，调查小组必须：

- 识别发生故障的屏障和/或工艺设备；
- 识别那些启用或未能阻止故障的 PSMS 要素和子要素；
- 建议采取具体措施，系统地防止这些故障在工艺、设施和公司中再次发生。

如前文所述，根据定义，当事故发生时，所有预防性屏障都失效了。调查人员必须找到每个失效屏障的直接原因、屏障管理系统失效的根本原因，当然，还要确定所有的纠正措施。

高层管理人员全面负责 PSMS 和过程知识。因此，高层管理人员负责事故调查。当负责的高层管理人员要求调查团队“告诉我在 PSMS 的设计或执行方面有哪些不足之处，以便我改进它们”时，事故调查才会产生最持久的价值。当他们找到答案时，他们会感谢审核团队，然后确保填补差距。

告诉我我在哪里做得不够，这样我就可以改进

这对调查小组和公司里的每个人来说都是一个多么有力的信息啊！它使你成为人们想要追随的过程安全领导者。

一个好的做法是指派一名独立于现场的中层领导来调查重大事故。领导者需要组建一个跨职能团队，了解各种专业，包括技术、设计、维护和生产，以及调查专家。然后，领导者促进团队的工作，并在必要时在公司内沟通协调。

负责基地、技术和生产的中层和基层领导通常不会领导调查小组。但他们将负责帮助团队的交通住宿、信息和相关现场人员的对接。与高层管理人员类似，这些领导者应该欢迎他们对在执行 PSMS 时犯的错误提供反馈，以便他们能够纠正错误并防止类似事故的发生。

事故调查不应以工人犯错作为根本原因而结束。工人和其他人一样会犯错。如果员工的错误比正常情况更频繁，这可能是由于以下原因造成的：

- 知识或能力上的差距；
- 异常疲劳或压力；
- 过度分心。

记住！
事故是由一个或多个 PSMS 要素的失效引起的。领导者有责任纠正 PSMS 差距。虽然操作员可能会犯错，但你在流程设计和风险评估过程中考虑到了这一点。因此，当事故发生时，一个或多个其他事情也失效了。

其中任何一个都可能是由一个或多个 PSMS 要素中的根本原因故障或需要纠正的文化造成的。员工知识或能力的差距可能反映了培训的弱点，也可能意味着人类行为不是一个足够可靠的屏障。疲劳可能反映了员工或管理人员不足，他们与员工的互动不够密切，没有注意到。分心可能有很多来源，也可以解决。

知道了根本原因，就应该制定行动项目。这些项目通常包括，例如：

- 改进内部标准(并可能改进外部标准)；
- 功能操作的改进；
- PSMS 的一个或多个要素的变化；
- 过程、化学、材质或技术的变化；
- 领导应采取的个人改进措施。

4.4.4 管理评审和持续改进

CCPS(参考文献 4.18)将管理评审定义为：

对管理系统是否按预期运行并尽可能高效地产生预期结果的常规评估……

(以及)

管理层持续进行的“尽职调查”审查，填补了日常工作活动与正式定期审核之间的空白。

管理评审的目的是评估：

- PSMS 实施的有效性；
- 朝着企业目标和计划的进展；
- 阻碍进展的路障以及如何清除它们；
- 从事故和高潜未遂事故(HPNM)中汲取的经验教训；
- 与企业风险标准相比的风险绩效，并启动纠正或改进行动。

作为任何层级的领导者，从董事会到基层，你都需要在管理评审中纳入过程安全这一项，以确保你了解在自己管控范围内过程安全管理体系(PSMS)各要素的成效。当 PSMS 已经完善建立起来时，将过程安全纳入常规管理评审中是很高效的做法。这也能传递出一个恰当的信息，即过程安全是业务不可或缺的一部分。

推动文化
开展常规管理评审并采取后续行动，这对于整个组织来说是最终的确认，表明公司和现场领导层在致力于过程安全、学习并改进过程安全文化以及两者间所有文化核心原则方面是认真的。

在实施重大过程安全管理体系(PSMS)改进措施时，或者当你希望特别强调过程安全时，单独进行 PSMS 评审可能是有益的。虽然这两种选择都是可以接受的，但关键在于要根据设施的风险来构建管理评审体系，并确保评审能够切实开展。

全面管理评审通常每年进行一次。然而，在全年的每月管理会议上，你应该审查一个或多个关键的过程安全管理体系(PSMS)要素或关键项目的状态和进展情况。每月审查的内容应根据你的目标、关键风险驱动因素、关键绩效指标(KPI)、事故历史和审查结果来确定。

作为任何层级的领导者，管理评审的第一步是与你的团队及团队成员一同审视在过程安全目标、目的和计划方面个人及集体取得的进展，因为它们与公司目标和计划是相契合的。第二步是确定纠正或改进的行动，然后与上级一起审查这两步的结果，并确定推进策略。管理评审应涵盖以下主题：

- 绩效指标，包括事件和 PSMS 效能的先导和滞后指标(如第 2 章所述)；
- 审查结果和 PSMS 行动项目；
- 在缩小公司风险标准或举措差距方面取得进展；
- 有效实施 PSMS、实现目标或缩小差距的屏障；
- 改进机会；
- 所需资源和个人发展情况；
- 建议采取的行动。

审查小组应回答 5 个问题：

1. 我们的程序质量如何？
2. 这与我们想要的结果相比如何？
3. 我们在哪些方面偏离了既定的优先事项或偏离了目标？
4. 我们应采取哪些行动来纠正或改进 PSMS，并满足公司风险标准或举措？
5. 我们如何才能更有效地取得成果？

EX 高层管理人员负责过程安全管理评审，作为整体 PSMS 和风险审查计划的一部分。虽然正式的管理评审通常每年进行一次，但根据公司的规模、业务部门的数量或采用的不同类型的技术，高管们可能会在一年中进行多次评审。

持续进行的管理评审包括：

- 大型综合厂区内的一个小厂区或车间。
- 一个业务部门或大型综合厂区。
- 公司层面的评审，通常是对所有业务制造部门的管理评审，以及在实现公司目标和计划方面所取得进展的汇总。

对于存在绩效问题的生产单位或业务部门，可能会进行一次性或更频繁的管理评审，比如以下这些情况：

- 一起重大事故。
- 较高的过程安全事故发生率，或者过程安全管理体系(PSMS)的关键绩效指标(KPI)在统计数据上与公司其他方面明显不符。

深入数据背后

诚然，能够被衡量的事情才更容易得到落实。然而，理解这些指标背后的“内容与原因”至关重要。这有助于凸显指标所代表的事物的重要性，同时也能避免指标及结果产生误导。

- 风险方面的重大变化，例如，在含有挥发性有毒物质的设施边界线附近出现新的公共或私人开发项目(即建筑物、公园等)。
- 或者从其他公司一起重大或灾难性事件中吸取的经验教训，特别是在使用相同或类似技术或管理系统的情况下。

中层领导会针对其负责的领域审查类似的数据/信息输入。当然，他们的关注点会集中在自己的管控范围上，并且他们提出的问题会进一步深入探究细节。

FL

基层领导和基层员工经常会协助他们的上级领导分析指标并为管理评审会议做准备。关键的基层领导和基层员工通常会参与由中层领导开展的评审。

所有领导都应该考虑让基层领导和基层员工参与管理评审会议的价值。这不仅仅在于他们能提供有价值的信息及解读。同样重要的是，在领导团队面前认可这些个人，有助于增强他们对过程安全的个人责任感，并提升他们在整个运营中的重要性。

表 4.9 为管理评审会议提供了一个简单的基本结构。

表 4.9 典型的管理评审会议结构

回顾主题	注意事项和行动
• PSMS 实施的有效性	
• 实现公司目标和措施的进展： ○ 事故率； ○ 公司风险标准； ○ 措施(例如，升级资产完整性计划)	
• 障碍情况和如何消除它们	
• 从事故和重大未遂事件吸取的教训如何纳入改进 PSMS 以及是否需要在公司层面进行升级	
• 附加关键项 1 ____________	
• 附加关键项 2 ____________	

4.5 文化建设和强化

4.5.1 文化概论

对许多过程安全事件的调查表明，文化失效与管理系统失效相当，是主要引发事故的原因。同样，当取得长期成功时，强大的过程安全卓越文化已成为不可或缺的因素。

> **概述**
> - 推动文化；
> - 让员工参与进来；
> - 与利益相关者进行沟通。

正如领导者建立整体企业文化一样，他们也同样建立过程安全文化。组织的文化体现在人们在没有直接监督的情况下的行为。这很大程度上取决于你如何执行操作行为/操作纪律(见第 4.2.1 节)。

过程安全文化核心原则

CCPS(参考文献 4.13)提供了详细的参考。评估过程安全文化，识别差距，然后解决这些差距以改善文化。

本书概述的核心原则是(见第 3 章)：

- 建立过程安全的必要性；
- 提供强有力的领导；
- 培养相互信任；
- 确保开放和坦率的沟通；
- 保持脆弱感；
- 了解危害和风险并采取行动；
- 赋能他人以使其成功履行过程安全职责；
- 尊重专业知识；
- 抵制偏离的常态化；
- 学会评估和提升文化。

每一项文化核心原则都是建立在之前的原则基础之上的。当试图强化文化时，按照这些原则的顺序来设计相关举措可能会很有用。

EX

高层管理人员在建立文化方面起着至关重要的作用。文化有四根支柱，高层管理人员必须保持：

- 他们所设定的期望；
- 他们驱动操作行为并亲自跟进操作纪律；
- 他们对过程安全的热情；
- 他们监控和奖励绩效的方式。

即使其中一根支柱变弱，过程安全文化也会摇摆不定，甚至崩溃。

ML

中层领导必须将高层管理人员所确立的文化转化为在各设施中的实际行动。他们需要向自己的团队和同行倡导这种文化，并且在必要时，如果他们察觉到高管对过程安全的承诺不一致，就要向高层管理人员提出反对意见。和高层管理人员一样，他们也必须亲自推动操作行为并跟进操作纪律情况。

FL

基层领导和基层员工必须践行这种文化，起到模范带头作用。他们展示操作行为和操作纪律的理念以执行过程安全管理体系(PSMS)的各项要素，围绕期望的文化营造团队合作氛围，并促使员工和承包商直接接受这种文化。

4.5.2 员工参与

“这很好，但让我告诉你星期天凌晨 3 点到底发生了什么……”

与生产设备互动最密切的员工对工艺和管理系统的看法可能比设计和管理的领导者更接近现实。因此，领导者定期和系统地与基层员工接触很有意义。在这种互动中，领导者可以了解操作纪律的有效性以及对危害和风险的理解，同时听取潜在的预警信号和改进机会。

EX 高层管理人员应定期视察工厂。高管们没有时间广泛地与基层员工互动，事实上，这样做可能会使中层和基层领导在员工眼中视为被越级管理。相反，高管们应该确保他们的下属领导者在过程安全方面与员工接触。

高层管理人员还需要确保每个人都明白他们个人对过程安全的承诺。在大公司里，管理人员不太可能走访所有的厂区。因此，对管理人员来说，利用视频会议和网络会议就过程安全问题与整个公司进行更广泛的沟通是很有用的。这类互动有时被称作"市政厅会议"(译者注：这是美国企业习惯叫法，类似员工大会)。

不要只谈论"安全"

有些领导觉得只谈论职业安全更容易些。但如果这样做的话，可能会在不经意间传递出这样一个信号：职业安全比过程安全更重要。

ML 中层领导应该定期走访他们负责的所有设施，在日程安排中留出时间以确保能做到这一点。在日常繁忙的业务工作中，要走出办公室可能会很困难，但这么做是至关重要的。根据他们职责范围的不同，他们可能无法与每一位员工都进行互动，但员工们应该知道他们可以就自己的担忧和想法进行反馈。当他们与员工互动时，应该让员工们感到轻松自在，并鼓励他们就过程安全以及其他话题畅所欲言。他们还应该确保基层领导积极推动员工参与各项事务。

FL 基层领导必须经常且直接地与他们的员工及承包商进行互动，并且应该定期走访其所在单位的各个区域。他们同样必须让员工们能轻松自在地分享自己的担忧和想法。员工参与活动也可以在正式会议上开展，无论是作为常规安全会议还是一般团队会议的一部分。

基层员工必须自由地分享他们的担忧和想法。虽然一开始他们可能会对领导要求分享的呼吁持怀疑态度，但无论如何都应该分享。将顾虑以建议或机遇的形式提出，而不是作为抱怨，往往能取得最佳效果。这样有助于避免让管理层产生抵触情绪。

所有领导都必须认真对待他们所听到的担忧和想法，并感谢任何分享这些内容的人。

当然，任何有可能影响到装置是否符合风险标准的担忧和想法都应该得到处理。可能会有一些担忧和想法无法处理或实施。然而，所有的担忧和想法都值得被认可并给予回应。

请注意，员工参与的互动不必仅局限于过程安全方面。例如，它们可以帮助识别与质量、生产力、职业安全等相关的预警信号和改进机会。员工的参与也有可能改善雇佣关系，减缓未来的纠纷。

在世界上的许多地方，员工的参与可能会感到很困难，特别是在等级文化中，交流主要是自上而下流动的。每一种这样的文化都是独特的，没有一种单一的解决方案适合所有的情况。四种可能的方法包括：

- 创造特定的新文化，关于过程安全的互动；
- 将员工参与的必要性与其他一些在文化上可接受的惯例联系起来；
- 匿名报告担忧和想法；

- 从好奇心的角度来处理关注点。例如，一个工人可能不会直接说聚合物阻塞了安全阀，而是会问："当聚合物在安全阀上形成时，这意味着什么？"

4.5.3 与利益相关者沟通

利益相关者一般是指设施附近的社区成员，包括居民和企业，以及公共安全、安保和卫生组织。然而，工厂和公司可能会考虑与更多的利益相关者进行互动。这些机构包括贸易、技术和公民协会、供应商和客户。

如果发生灾难性事件，社区利益相关者可能会受到影响，因此你们的工厂应该帮助他们做好适当行动的准备。邻居们应该知道是就地避难还是撤离，以及这两种做法的具体操作方式。应急救援人员应该做好准备应对事件的后果，从最初的响应、干预到医疗救治都要涵盖。在很多情况下，可能还需要向社区提供消防和医疗设备以确保他们做好准备。

除了社区之外，与供应商开展外联活动有助于确保不会因原材料的变化而给工厂引入新的危害。与客户开展外联活动可以帮助他们管理所提供产品的危害，从而有助于留住客户。客户外联还能为公司提供有关新发现产品危害的宝贵反馈。在行业团体中的互动也很重要，它有助于团体所有成员相互学习过程安全方面的经验教训，为解决自家公司类似的潜在问题提供机会。

与利益相关者群体的文化互动类型与工作参与中使用的类型非常相似：建立信任，建立开放和坦率的沟通，然后理解和承担风险。就像员工参与一样，这些相互作用继续存在，否则信任和沟通将会退化。

不采取行动的长期影响可能不会被注意到。然而，持续的忽视可能会导致严重的问题。例如，邻居和紧急响应人员可能会忘记在厂外发生泄漏时该做什么。但即使在过程安全之外，未能与社区建立信任和开放沟通，最终也会导致对工厂构成阻力，使扩大规模和发展变得更加困难。

在管道和海上作业中，利益相关者可能会对过程安全产生直接影响(例如，撞击管线或与海上构筑物发生碰撞)。在这些情况下，与社区进行积极主动且持续不断的沟通可能会成为一道屏障，有助于预防过程安全事故的发生。

EX 高管习惯于与投资界和贸易行会进行接触，后者是管理人员推广最佳实践标准和行业行为准则(如责任关怀®)的有用机会，并与其他管理人员就如何领导过程安全进行对标。他们也有责任确保他们的组织实践利益相关者与当地社区的联系。

ML 中层领导和基层领导通常负责与当地社区进行利益相关者拓展工作。例如，工厂负责人一般会与社区领导进行互动，并在社区会议上露面。中层领导还必须确保社区沟通和协调的所有要素都能良好运作。

基层领导通常负责开展外联工作的各项事宜。应急响应协调员要确保场外资源经过培训且准备就绪，同时确保社区做好疏散或就地避难的准备。沟通负责人则负责组织社区会议，并处理与社区的日常沟通及关系维护事宜。

> **鼓励员工积极参与所在社区活动**
> 并非所有的拓展活动都得是正式的。当员工参与当地的民间组织和慈善机构时，这种拓展活动的价值可能会相当显著。

基层员工仅通过在社区中居住并与之互动，就在社区中扮演着关键角色。通常，工人们就生活在社区里，因此能直接体验到来自工厂的沟通活动以及邻居们的反应。他们可以充当工厂的使者，将社区的反馈传达给领导，否则这些反馈可能无法被传达上去。

4.6 总结

公司内任何层级的领导，还必须成为一名过程安全方面的领导。

公司内任何层级的领导，还必须成为一名过程安全方面的领导。这首先要从接受过程安全的必要性做起，要理解其商业意义，培养一种脆弱感的意识，并通过沟通及行动的方式来推动过程安全。

然而，除非你能以专业精神履行自己在过程安全管理体系(PSMS)中的职责，并推动你的上级、同级以及下属也这么做，否则你将无法取得成效。推动过程安全管理体系(PSMS)包括以下方面：

- 制定并理解公司风险标准；
- 了解自身面临的危害，并实施一整套能满足公司风险标准的有效屏障；
- 严谨且专业地执行过程安全管理体系(PSMS)的各项要素，以衡量屏障的绩效并确保其持续有效；
- 确保所在组织在合适的岗位上具备所需的能力；
- 核实绩效并推动持续改进。

只有这样，你才能创建出所需的规范的过程安全文化，从而实现预期目标——零过程安全事故。

参 考 文 献

4.1 Parliament of the United Kingdom, *Health and Safety at Work Act*, London, 1974, and related references.

4.2 NEN, *NTA* 8620: 2016*en*, *Specification of a Safety Management System for the Risks of Major Accidents*, Delft, 2016.

4.3 CCPS, *Guidelines for Developing Quantitative Safety Risk Criteria*, American Institute of Chemical Engineers, New York, 2009.

4.4 CCPS, *Guidelines for Hazard Evaluation Procedures*, *3rd Edition.*, American Institute of Chemical Engineers, New York, 2008.

4.5 CCPS, *Conduct of Operations and Operational Discipline*: *For Improving Process Safety in Industry*, American Institute of Chemical Engineers, New York, 2011.

4.6 CCPS, *Guidelines for Asset Integrity*, American Institute of Chemical Engineers, New York, 2016.

4.7 CCPS, *Guidelines for Mechanical Integrity Systems*, American Institute of Chemical Engineers, New York, 2006.

4.8 CSB, *Valero Asphyxiation Incident*, Washington, DC, 2006.

4.9 CSB, *Union Carbide Corp*, *Nitrogen Asphyxiation Incident*, Washington, DC, 1999.

4.10 CSB, *DuPont LaPorte, Texas Chemical Facility Toxic Chemical Release*, Interim Recommendations, Washington, DC, 2015.

4.11 CSB, *Safety Bulletin*, *Hazards of Nitrogen Asphyxiation*, Washington, DC, 2003.

4.12 CCPS, *Guidelines for Defining Process Safety Competency Requirements*, American Institute of Chemical Engineers, New York, 2015.

4.13 CCPS, *Essential Practices for Developing, Strengthening, and Implementing Process Safety Culture*, American Institute of Chemical Engineers, New York, 2018.

4.14 Keim K., editor, *Recommended Practice 754*, *Process Safety Performance Indicators for the Refining and Petrochemical Industries*, 2nd *Edition.*, American Petroleum Institute, 2016.

4.15 CCPS, *Process Safety Leading and Lagging Metrics*, American Institute of Chemical Engineers, New York, 2011.

4.16 CCPS, *Guidelines for Process Safety Metrics*, American Institute of Chemical Engineers, New York, 2009.

4.17 CCPS, *Guidelines for Investigating Chemical Process Incidents*, 2nd *Edition*, American Institute of Chemical Engineers, New York, 2003.

4.18 CCPS, *Guidelines for Risk Based Process Safety*, American Institute of Chemical Engineers, New York, 2007.

5 领导角色和问责制

第 4 章讨论了过程安全管理体系(PSMS)的通用要素。这有助于通过组织发展要求领导技能，并确保通过 PSMS 达到预期的结果。为了实现这些结果，必须在你的 PSMS 中管理范围广泛的活动。这些体系可确保公司：

- 雇用、培训和部署能够在 PSMS 内开展必要活动的人员；
- 设计、采购和安装符合良好工程规范的设备，适用于特定的有害物料处理；
- 确定满足公司风险标准所需的屏障；
- 管理这些屏障；
- 管理各级和职能部门的过程安全能力；
- 诚信领导，建立和加强文化；
- 验证绩效并推动持续改进。

本章提供了通用角色模板的示例，概述了 PSMS 的属性、职责和问责制，包括操作行为和操作纪律。这些角色模板作为单页资源随附，并可针对贵组织进行定制。见图 5.1 和表 5.1～表 5.13。

EX	1. 高层领导
ML	2. 运营领导(基地内或跨地理区域的多个设施) 3. 工程岗位——工程领导 4. EH&S 领导 5. 研发领导 6. 支持职能部门——采购领导 7. 支持职能部门——人力资源领导
FL	8. 运营/装置团队领导人员——工厂主管 9. 操作/装置团队领导人员——维修主管
	10. 运行岗位——工厂工程师 11. 运行岗位——工厂操作员 12. 运行岗位——维修技师 13. 工程岗位——过程安全专家

图 5.1 岗位模板列表

这些模板的格式为 Excel®格式，你可以从以下链接下载 Excel®格式的模板：

www. aiche. org/ccps/publications/leadership

如果贵公司还有其他具有过程安全职责的角色，则可以开发类似的角色模板。

表 5.1 高层领导岗位

阶段	重点领域	职责
部署	危害和风险	1. 了解主要的潜在后果和预防主要后果所需的关键制度。 2. 认可和支持关键制度，以防止重大潜在后果
	企业愿景与目标	1. 对过程安全的企业愿景进行了定义和沟通。 2. 建立目标：过程安全事件(PSE)一级和二级事件消除，并根据公司风险标准降低风险
	过程安全管理体系(**PSMS**)，操作行为(**COO**)和操作纪律(**OD**)以及文化	1. 确保PSMS和操作准则的政策、要求、系统和关键绩效指标得到制定和实施，重点是建立健康的过程安全文化。 2. 确保遵循良好或健全的工程实践和行业最佳实践或计划
	风险标准	确保制定风险标准并实施。 1. 为整个公司的安全仪表系统的半定量风险分析和规范定义/实现单一场景风险标准。 2. 可以定义和实施累积风险标准，用于定量风险分析和单一情景风险标准的验证
在限制条件内运行	过程安全管理体系(**PSMS**)，操作行为(**COO**)和操作纪律(**OD**)以及文化	以操作行为和操作纪律方式理解并完成他们在PSMS中的岗位，包括： 1. 分配资源，包括财务和人力资源，以执行PSMS。 2. 设立降低风险计划的优先级和资金，以满足公司事件和风险的目标和标准
维持	事故及未遂事件	审查重大事故(内部或外部的)和PSMS未遂事件。 1. 确保适当的PSM纠正和预防措施。 2. 适当地利用公司内部或外部的资源、关系等
	可见性、强化	1. 花时间在各工厂，强化过程安全管理体系(PSMS)。 2. 回顾重大事故，强调实施、在安全限制条件内运行和维护屏障的重要性。 3. 开展过程安全方面的沟通，例如，目标进展情况、重大成就、事故相关问题等
验证	管理体系评审	确保管理体系评审的进行，改进计划和目标的建立和更新使用指标，包括： 1. 审核PSMS和操作行为的绩效指标； 2. 针对公司流程安全目标的进展，例如：一级、二级PSE，风险改善计划； 3. 督促下属完成纠正/预防措施

表 5.2 运营领导岗位

阶 段	重点领域	职 责
部署	危害和风险	1. 深入了解流程、具体的主要场景及屏障。 2. 实施相关系统和工具，以确保屏障得以落实、在其安全限定条件内运行，并依照公司风险标准保持良好状态
	企业愿景与目标	1. 为实现愿景和目标设定基调。 2. 在业务驱动因素方面阐明愿景和目标，并进行沟通，语言要浅显有意义
	过程安全管理体系(**PSMS**)，操作行为(**COO**)和操作纪律(**OD**)以及文化	1. 确保落实从事故、评估或风险改善计划/目标中得出风险降低措施。 2. 协助制定过程安全管理体系(PSMS)以及操作准则(COO)相关政策、要求、系统和关键绩效指标(KPIs)。 3. 确保遵循良好的工程实践以及行业最佳实践或相关举措
在限制条件内运行	过程安全管理体系(**PSMS**)，操作行为(**COO**)和操作纪律(**OD**)以及文化	结合操作行为和操作纪律理解并履行其在过程安全管理体系(PSMS)中的角色方面： 1. 执行 PSMS 和操作行为(COO)相关工作，包括危害评估、风险审核、变更管理(MOC)、开车前安全审查(PSSR)等。 2. 明确并争取资源以实现 PSMS、操作行为(COO)、公司事故及风险降低目标。 3. 确保屏障在其安全限定条件内运行
维持	过程安全管理体系(**PSMS**)，操作行为(**COO**)和操作纪律(**OD**)以及文化	1. 招聘人员，开展培训/教育，提供资源，确保员工具备相应能力，进行问责，并提供合理的激励措施。 2. 对承包商进行资格预审、招聘并管理。 3. 保持对潜在风险的敏感度，坚守承诺，并让公司过往的经验教训铭记于心。 4. 确保屏障得到维护：进行检查、测试、校准等操作，使其保持良好状态以能正常投入使用
	事故及未遂事件	对事故及接近失误的过程安全管理体系(PSMS)故障进行调查。 1. 确保采取适当的 PSMS 纠正和预防措施。 2. 对重大且具有高潜在风险的接近失误情况进行升级处理(向上汇报等)。 3. 建议在公司内部或外部的合适层面进行恰当的资源调配(或采取恰当举措等)
验证	可见性、强化	1. 花时间在现场工作，有识别现场危险的能力。 2. 确保屏障在其安全限制范围内运行和维护。 3. 确保对突发事件的行动、评估等，已经得到实施
	管理体系评审	确保开展过程安全管理体系(PSMS)审核，并利用各项指标制定/更新改进计划和目标。包括： 1. PSMS、操作行为(COO)的审计、自我评估结果。 2. 对照公司过程安全(PS)目标的进展情况，例如：一级、二级过程安全事件(PSE)、风险改善计划等方面的进展。 3. 要求下属对纠正/预防措施的完成情况负责

表 5.3 工程领导岗位

阶段	重点领域	职责
部署	危害和风险	1. 了解主要潜在后果以及它们可能产生的方式。 2. 认可、支持或负责关键制度，以防范主要潜在后果，例如，设备设计与维护方面的良好工程实践、资产完整性、风险标准及评估流程
	企业愿景和目标	确保就工程服务相关方面明确阐述并传达公司对于过程安全的愿景
	过程安全管理体系（**PSMS**），操作行为（**COO**）和操作纪律（**OD**）以及文化	1. 确保过程安全管理体系（PSMS）操作行为（工程政策、要求和系统）得以制定并实施，重点在于营造健康的过程安全文化。 2. 确保遵循良好的工程实践以及行业最佳实践或相关举措
	风险标准	协助建立并实施风险标准。 1. 为整个企业的半定量风险分析以及安全仪表系统的规范，定义/实施单一情景风险标准。 2. 可以定义和实施累积风险标准，用于定量风险分析和单一情景风险标准的验证
在限制条件内运行	过程安全管理体系（**PSMS**），操作行为（**COO**）和操作纪律（**OD**）以及文化	在理解并履行其在过程安全管理体系（PSMS）操作行为和操作纪律中的角色方面： 1. 结合操作行为执行过程安全管理体系（PSMS），包括设备设计以及向工厂传递在安全限制条件内操作的知识和维护屏障。 2. 完成危害和/或风险审查、仪表安全设计（ISD）审查，并将可靠的工程实践建议（RAGAGEP）及行业最佳实践融入设计当中。 3. 明确并争取资源以实现 PSMS、操作行为、公司事故及风险改善的目标
维持	过程安全管理体系（**PSMS**），操作行为（**COO**）和操作纪律（**OD**）以及文化	1. 招聘人员，开展培训/教育，提供资源，确保人员具备相应能力，进行问责，并提供合理的激励措施。 2. 对承包商进行资格预审、招聘并管理。 3. 协助制定维修程序
	事故及未遂事件	1. 审查重大事故（内部或外部的）以及 PSMS 未遂事件。 2. 确保采取适当的 PSMS 纠正/预防措施。 3. 恰当地利用公司内部或外部的经验教训
验证	可见性、强化	1. 参与危害/风险审查，强化良好的工程实践。 2. 参与事故调查
	管理体系审核	1. 确保开展 PSMS 审核，并利用指标建立/更新改进计划和目标。 2. 要求下属对纠正/预防措施的完成情况负责

表 5.4 安全领导岗位

阶　段	重点领域	职　责
部署	危害和风险	1. 掌握重大潜在后果及其发生方式的知识。 2. 认可、支持或制定防止重大潜在后果的关键制度，如程序、动火作业许可、应急准备和响应
	企业愿景和目标	依据业务驱动因素清晰阐述公司的愿景和目标，并对员工用浅显有意义的语言进行传达
	过程安全管理体系(**PSMS**)，操作行为(**COO**)和操作纪律(**OD**)以及文化	参与过程安全管理体系(PSMS)、操作行为(COO)、环境、健康与安全(EH&S)政策及要求的制定与实施，重点在于营造健康的过程安全文化
	风险标准	协助建立/实施风险标准。 1. 单一情景风险标准，包括对安全仪表系统的判定。 2. 适用情况下的累积风险标准
在限制条件内运行	过程安全管理体系(**PSMS**)，操作行为(**COO**)和操作纪律(**OD**)以及文化	以操作行为和操作纪律模式理解并履行其在过程安全管理体系(PSMS)中的角色方面，包括： 1. 对相关程序(如动火作业许可、应急准备与响应等方面的程序)的有效性进行评估。 2. 参与审核工作。 3. 就相关程序(如上述提到的动火作业许可、应急准备与响应等程序)对人员开展培训
维持	过程安全管理体系(**PSMS**)，操作行为(**COO**)和操作纪律(**OD**)以及文化	保持最新的PSMS、操作行为、操作纪律、良好工程实践、行业最佳实践，并保持PSMS、操作行为和操作纪律的更新
	事故及未遂事件	对关键事件及PSMS未遂事件进行审查。 1. 确保恰当的PSMS纠正/预防措施。 2. 恰当地利用公司内外的经验教训
	可见性、强化	1. 花时间在工厂现场，加强PSMS。 2. 牢记重大事件，以加强维护屏障的重要性。 3. 沟通过程安全问题，例如，目标进展、重大问题成就、事件问题
验证	管理体系审核	确保开展PSMS审核，并利用指标制定/更新改进计划与目标，包括： 1. PSMS和操作行为的审计结果。 2. 针对企业过程安全目标所取得的进展，例如，一级和二级过程安全事件(PSE)、风险改善计划方面的进展情况。 3. 让下属负责纠正/预防措施的完成

表 5.5　研发(R&D)领导岗位

阶　段	重点领域	职　责
部署	危害和风险	1. 了解主要潜在后果以及这些后果可能产生的方式。 2. 负责并主导实验室规模放大以及本质更安全的设计流程，以便在风险降低分析之前减少危害。 3. 负责或提供部分过程安全信息，内容包括：所涉及物料的毒性、物理性质、反应性和腐蚀性数据，以及这些物料在过程中的危害和意外混合产生的危害。 4. 提供数据或提供获取数据所需测试的途径，如可燃粉尘测试、反应性危害测试
	企业愿景和目标	确保明确阐述与研发相关的过程安全企业愿景，并进行有效传达
	注：研发主管负责实验室或中试工厂运营。他们需要遵循运营领导角色模板中概述的责任	
在限制条件内运行	过程安全管理体系(**PSMS**)，操作行为(**COO**)和操作纪律(**OD**)以及文化	通过操作行为和操作纪律来理解并履行他们在 PSMS 中的角色：完成过程安全信息数据，放到过程以及过程的本质安全设计分析
维持	过程安全管理体系(**PSMS**)，操作行为(**COO**)和操作纪律(**OD**)以及文化	1. 招聘人员，开展培训/教育，提供资源，确保人员具备相应能力，明确责任并提供合理的激励措施。 2. 对承包商进行资格预审、聘用及管理。 3. 协助明确物料危害，以用于危害及风险分析
	事故及未遂事件	审查重大事故(内部或外部的)以及 PSMS 未遂事件。 1. 确保采取适当的过程安全管理体系纠正/预防措施。 2. 在职责范围内充分利用从中吸取的经验教训
验证	可见性、强化	1. 参与工艺危害/风险审查，加强良好或健全的工程实践。 2. 参与事故调查
	管理体系审核	确保开展过程安全管理体系审核，并利用相关指标制定和更新改进计划及目标

表 5.6 采购领导岗位

阶 段	重点领域	职 责
部署	危害和风险	了解主要的潜在后果以及它们会如何发生
	企业愿景和目标	确保在涉及采购方面明确阐述并传达企业对于过程安全的愿景
	过程安全管理体系(**PSMS**),操作行为(**COO**)和操作纪律(**OD**)以及文化	确保为以下方面制定并实施过程安全管理体系(PSMS)采购政策、要求和系统: 1. 依照良好或合理的工程实践以及设计/维修规范,对设备和材料进行采购、制造和检验。 2. 从经过预先资格认证、获批的供应商处采购设备。 3. 采购服务时,需预先对可接受的过程安全管理体系、操作行为和操作纪律方面的能力进行资格认证,或者确保所采购的服务能在采购公司的过程安全管理体系、操作行为和操作纪律的安全限制条件内开展
在限制条件内运行	过程安全管理体系(**PSMS**),操作行为(**COO**)和操作纪律(**OD**)以及文化	理解并履行其在过程安全管理体系(PSMS)以及操作行为和操作纪律方面的角色: 在采购环节,结合操作行为和操作纪律执行过程安全管理体系(PSMS)相关要求
维持	过程安全管理体系(**PSMS**),操作行为(**COO**)和操作纪律(**OD**)以及文化	1. 招聘人员,开展培训/教育工作,提供资源,确保人员具备相应能力,追究相关责任并提供合理的激励措施。 2. 对承包商/服务进行资格预审、聘用及管理。 3. 依据事故教训对采购过程安全管理体系(PSMS)、操作行为和操作纪律进行信息更新。 4. 要求下属对纠正/预防措施的完成情况负责
	事故及未遂事件	审查重大事故(内部或外部的)以及与过程安全管理体系(PSMS)相关的未遂事件。 1. 确保采取适当的过程安全管理体系(PSMS)纠正/预防措施。 2. 在职责范围内利用相关经验教训
验证	可见性、强化	1. 与采购专员进行审查,以确保按照操作行为和操作纪律,过程安全管理体系(PSMS)得到妥善执行。 2. 参与发生采购过程安全管理体系(PSMS)相关的事故调查
	管理体系审核	1. 确保开展过程安全管理体系(PSMS)审核,并利用各项指标制定和更新改进计划及目标。 2. 要求下属对纠正/预防措施的完成情况负责

表 5.7　人力资源领导岗位

阶　　段	重点领域	职　　责
部署	危害和风险	了解重大潜在事故后果以及它们可能发生的方式
	企业愿景和目标	确保在涉及人力资源(HR)方面，明确界定并传达企业的过程安全愿景
	过程安全管理体系(**PSMS**)，操作行为(**COO**)和操作纪律(**OD**)以及文化	确保为本章涉及的所有岗位制定并实施 PSMS、操作行为人力资源政策、要求及体系： 1. 处理危险物料或负责风险管控岗位的能力要求概况。 2. 生产、工程、EH&S(环境、健康与安全)以及研发岗位的招聘及入职流程。 3. 承担 PSMS 和操作行为职责的运营岗位及相关角色的绩效评估流程。 4. 疲劳及药物滥用相关政策和制度。 5. 运营及支持岗位的培训计划要充分满足 PSMS 培训要求及风险管控
在限制条件内运行	过程安全管理体系(**PSMS**)，操作行为(**COO**)和操作纪律(**OD**)以及文化	通过操作行为和操作纪律理解并履行他们在 PSMS 中的角色： 与操作行为和操作纪律一起执行人力资源(领导者或部门)的 PSMS
维持	过程安全管理体系(**PSMS**)，操作行为(**COO**)和操作纪律(**OD**)以及文化	1. 招聘，开展培训/教育，提供资源，确保人员具备相应能力，问责，提供合理激励，对承包商/服务进行资格预审、招聘及管理。 2. 依据事故教训更新 PSMS 中与人力资源相关的部分
	事故及未遂事件	审查重大事故(内部或外部的)以及与 PSMS 相关的未遂事件。 1. 确保采取适当的 PSMS 纠正/预防措施。 2. 在职责范围内利用相关经验教训
验证	可见性、强化	1. 与人力资源人员进行审查，以确保在操作行为和操作纪律的参与下 PSMS 得到妥善执行。 2. 参与发生人力资源管理系统(HRMS)相关的事故调查
	管理体系审核	1. 确保开展 PSMS 审核，并利用指标建立/更新改进计划和目标。 2. 要求下属对纠正/预防措施的完成情况负责

表 5.8 工厂主管岗位

<table>
<tr><th>阶段</th><th>重点领域</th><th>职责</th></tr>
<tr><td rowspan="3">部署</td><td>危害和风险</td><td>1. 要获取关于工艺、特定危险场景以及各类屏障的深入知识。
2. 实施相关系统并进行监控，以确保所设置的各类屏障措施得以落实，在其规定限制范围内正常运作并且能够持续得到维护</td></tr>
<tr><td>公司愿景和目标</td><td>1. 在遵循愿景并达成目标这件事上起到模范带头作用。
2. 根据业务驱动因素清晰阐述愿景和目标，并以对员工来说易于理解、有实际意义的方式进行沟通传达</td></tr>
<tr><td>过程安全管理体系(PSMS)，操作行为(COO)和操作纪律(OD)以及文化</td><td>1. 定义并实施工厂特有的 PSMS、操作行为和操作纪律。
2. 确保落实源自事故、评估或削减举措/目标的风险降低措施</td></tr>
<tr><td>在限制条件内运行</td><td>过程安全管理体系(PSMS)，操作行为(COO)和操作纪律(OD)以及文化</td><td>理解并实施他们在 PSMS、操作行为和操作纪律中的职责：
1. 在 PSMS 框架内运用操作纪律管理/领导基层资源(操作人员、维修人员)。
2. 确保屏障在其限制范围内运行(操作纪律)。
3. 确保操作纪律保持最新状态，例如遵守操作程序等。
4. 参与 PSMS、操作行为和操作纪律相关活动，包括危害评估、风险审查、变更管理(MOC)、开车前安全审查(PSSR)等。
5. 维护过程安全信息。
6. 争取资源以满足 PSMS、操作行为和操作纪律的要求</td></tr>
<tr><td rowspan="2">维持</td><td>过程安全管理体系(PSMS)，操作行为(COO)和操作纪律(OD)以及文化</td><td>1. 招聘，开展培训与教育及责任落实：负责招聘相关人员，对其进行全面的培训和教育，确保他们在操作纪律方面具备相应能力，并让他们对自身工作负责。
2. 保持警觉与传承企业记忆：始终维持一种对潜在问题的警觉感，坚守承诺，让企业过往的经验教训等“企业记忆”得以延续。
3. 确保屏障正常维护与可用：保证各种防范措施按照操作纪律得到妥善维护，包括进行检查、测试、校准等操作，使其始终处于能正常发挥作用的状态。
4. 确保操作行为和操作纪律运行。
5. 问题解决及必要时上报处理：甚至包括在察觉不安全状况时停止相关工作</td></tr>
<tr><td>事故及未遂事件</td><td>报告事故并参与事故及未遂事件的调查。
1. 确保采取适当的 PSMS 纠正及预防措施。
2. 上报重大及高潜在风险的未遂事件</td></tr>
<tr><td rowspan="2">验证</td><td>可见性、强化</td><td>1. 花时间在现场工作，有识别现场危险的能力。
2. 确保屏障在其限制范围内运行并得到维护。
3. 确保从事件、评估等方面采取的行动得到实施</td></tr>
<tr><td>PSMS 效能评估</td><td>1. 参与并准备审核、管理体系评审。
2. 为指标、信息跟踪、企业认证计划和目标提供数据。
3. 督促下属完成纠正/预防措施</td></tr>
</table>

表 5.9　维修主管岗位

阶　段	重点领域	职　责
部署	危害和风险	1. 了解流程、具体的主要场景和屏障。 2. 深入掌握设备维护的良好或健全的工程实践，以防止事故的发生
部署	企业愿景和目标	1. 在遵循愿景及达成目标方面树立榜样。 2. 依据业务驱动因素阐述愿景和目标，并以对员工有意义的语言进行传达
部署	过程安全管理体系(**PSMS**)，操作行为(**COO**)和操作纪律(**OD**)以及文化	1. 定义和实施特定技术的 PSMS，操作行为和操作纪律，包括检查、测试、校准和维修安全系统的验收标准。 2. 从事件、评估或风险改善计划/目标中实施适用的风险降低措施
在限制条件内运行	过程安全管理体系(**PSMS**)，操作行为(**COO**)和操作纪律(**OD**)以及文化	理解并履行他们在 PSMS、操作行为和操作纪律中的角色： 1. 管理/领导基层员工(维修/工艺)在 PSMS 内部使用操作纪律。 2. 确保屏障经过检查、测试、校准等。 3. 保持资产完整性、操作纪律的更新，例如：遵守程序。 4. 参与 PSMS、操作行为和操作纪律，包括危害评估、风险评审、MOC、开车前安全审查等。 5. 争取资源，以满足 PSMS、操作行为和操作纪律
维持	过程安全管理体系(**PSMS**)，操作行为(**COO**)和操作纪律(**OD**)以及文化	1. 招聘，开展培训/教育，确保相关人员在操作纪律(OD)方面具备能力，问责。 2. 保持对潜在风险的警觉，坚守承诺，传承企业经验。 3. 确保屏障按照良好或可靠的工程实践得以维护。 4. 确保操作行为和操作纪律的运用。 5. 解决和上报问题，包括叫停工作
维持	事故及未遂事件	报告并参与与维修相关的事故及未遂事件的调查。 1. 确保采取适当的 PSMS 纠正/预防措施。 2. 上报重大及高潜在风险的未遂事件
验证	可见性、强化	1. 深入现场，具备识别现场危害的能力。 2. 确保屏障在其限制范围内运行并得到维护。 3. 确保源自事故、评估等的措施得以实施
验证	PSMS 效能评估	1. 参与并为审查、管理体系审核做准备。 2. 为各项指标、PSMS 效能跟踪、企业改进规划及目标提供数据。 3. 要求下属对纠正/预防措施的完成情况负责

表 5.10　工厂工程师岗位

阶　段	重点领域	职　责
部署	危害和风险	1. 对流程、具体场景和屏障有深入的了解。 2. 了解流程和工具，以确保屏障的实施，在其安全限制范围内操作和维护
	企业愿景和目标	分析、定义和实施特定的项目或计划，以实现目标
	过程安全管理体系(**PSMS**)，操作行为(**COO**)和操作纪律(**OD**)以及文化	实施源自事故、评估或风险降低举措/目标的风险降低措施
在限制条件内运行	过程安全管理体系(**PSMS**)，操作行为(**COO**)和操作纪律(**OD**)以及文化	理解并履行他们在PSMS，操作行为和操作纪律中的角色： 1. 确保屏障在其约束条件(操作纪律)下运行。 2. 保持操作纪律的更新，例如，遵守程序。 3. 参与PSMS、操作行为和操作纪律，包括危害评估，风险评审，MOC，开车前安全审查，培训等。 4. 维护过程安全信息集合
维持	过程安全管理体系(**PSMS**)，操作行为(**COO**)和操作纪律(**OD**)以及文化	1. 确保屏障的维护(操作纪律)：检查、测试、校准等，并保持正常功能。 2. 确保操作行为和操作纪律的利用。 3. 解决和/或上报问题，包括停止工作
	事故及未遂事件	报告并参与事故和未遂事件的调查。 1. 确保适当的PSMS纠正/预防措施。 2. 上报重大和高潜在的未遂事件
验证	可见性、强化	1. 在现场工作，有识别现场危险的能力。 2. 确保屏障在其限制范围内运行和维护。 3. 确保对事件、评估等采取的行动，已经得到实施
	PSMS效能评估	1. 参与并准备审核、管理体系评审。 2. 为指标、PSMS绩效跟踪、企业改善计划和目标提供数据

表 5.11　工厂操作员岗位

阶　段	重点领域	职　责
部署	危害和风险	1. 对流程、具体场景和屏障有深入的了解。 2. 了解流程和工具，以确保屏障的实施，在其限制范围内操作和维护
	企业愿景和目标	1. 理解与工厂相关的公司愿景和目标。 2. 参与项目团队和计划，以提高绩效和达到目标
	过程安全管理体系(**PSMS**)，操作行为(**COO**)和操作纪律(**OD**)以及文化	参与制定或审核工厂特定的 PSMS，操作行为和操作纪律
在限制条件内运行	过程安全管理体系(**PSMS**)，操作行为(**COO**)和操作纪律(**OD**)以及文化	理解并履行其在过程安全管理体系中的相关职责： 1. 确保防护措施在其限制范围内运行。 2. 严格遵守操作行为和操作纪律，如发现问题应及时停止工作进行评估并确定合适工作方式。 3. 执行工作安全分析，为任务做准备。 4. 颁发工作许可证时要充分了解工艺危害，确保危害得到妥善处理，并确保维修人员了解危害并遵循相应的控制规程。 5. 参与过程安全管理体系(PSMS)、操作行为和操作纪律，包括危害评估、风险审查、变更管理(MOC)、开车前安全审查(PSSR)、培训等。 6. 在轮班之间就安全关键设备的缺陷、临时变更管理(MOC)、超弛控制等情况进行沟通
操作限制	可见性、强化	花时间在现场：巡检，抄表，设备检查，上报发现的问题，例如，需要处理的初期腐蚀
维持	过程安全管理体系(**PSMS**)，操作行为(**COO**)和操作纪律(**OD**)以及文化	1. 确保屏障的维护(操作纪律)：检查、测试、校准等，并保持适合使用，例如，在启动之前，操作人员可能需要完成某些检查。 2. 识别/解决或上报问题/需要在限制条件内运作的屏障。 3. 建议对操作执行方式进行更改，以解决未识别的危险或优化机会，例如，规程。 4. 确保程序在需要时更新
	事故及未遂事件	报告并参与事故及未遂事件的调查。 1. 确保适当的 PSMS 纠正/预防措施。 2. 上报重大和高潜未遂事件(HPNM)
验证	PSMS 效能评估	为指标、PSMS 效率跟踪、公司改进计划和目标提供数据

表 5.12 维修技师岗位

阶段	重点领域	职责
部署	危害和风险	1. 了解他们所支持的工厂的流程、具体场景和屏障。 2. 深入了解维护程序和规范，以防止危险物料或能量的释放
	企业愿景和目标	1. 了解与所支持的工厂相关的企业愿景和目标。 2. 参与项目团队和计划，以提高绩效和达到目标
	过程安全管理体系(**PSMS**)，操作行为(**COO**)和操作纪律(**OD**)以及文化	参与开发或审查技术维护 PSMS、操作行为和操作纪律，包括检查、测试、校准和维修安全系统的验收标准
在限制条件内运行	过程安全管理体系(**PSMS**)，操作行为(**COO**)和操作纪律(**OD**)以及文化	理解并履行其在过程安全管理体系中的相关职责： 1. 严格遵守操作行为和操作纪律，如发现问题应及时停止工作进行评估并确定合适工作方式。 2. 遵循安全工作许可规定，否则就要停止工作，确定合适的工作方式。 3. 参与 PSMS、操作行为和操作纪律，包括危害评估、风险评审、MOC、开车前安全审查、培训等
维持	过程安全管理体系(**PSMS**)，操作行为(**COO**)和操作纪律(**OD**)以及文化	1. 确保屏障的维护(操作纪律)：检查、测试、校准等，并保持适合使用。 2. 识别/解决或升级在限制条件内运作所需的问题/屏障(例如，适用性评估)。 3. 确保设备按照良好的工程规范进行维修
	可见性、强化	花时间在现场：检查设备，升级发现的问题，例如，需要处理的初期腐蚀
	事故及未遂事件	报告并参与事故和未遂事件的调查。 1. 确保适当的 PSMS 纠正/预防措施。 2. 升级重大和高潜在的未遂事件
验证	PSMS 效能评估	为指标、PSMS 效率跟踪、公司改进计划和目标提供数据

表 5.13 过程安全专家岗位

阶　段	重点领域	职　责
部署	危害和风险	1. 深入了解危害/风险评估和风险管理，掌握良好工程实践和行业最佳实践。 2. 支持、拥护或负责关键制度，以防止重大潜在后果(例如，风险评估流程)
	企业愿景和目标	1. 协助建立公司目标和风险降低策略及计划以实现这些目标。 2. 用业务驱动因素来阐述公司的愿景和目标，并用员工能够理解的语言进行沟通
	过程安全管理体系(**PSMS**)，操作行为(**COO**)和操作纪律(**OD**)以及文化	参与 PSMS、操作行为，工程政策、要求的制定和实施，专注于建立健康的过程安全文化
	风险标准	协助制定风险标准。 1. 定义/实现单一场景下的半定量风险分析准则，用于企业范围内的安全仪表系统跨企业层面的风险评估。 2. 适用情况下定义和实施量化风险分析中的累积风险标准，并验证单个情景的风险标准
在限制条件内运行	过程安全管理体系(**PSMS**)，操作行为(**COO**)和操作纪律(**OD**)以及文化	操作行为和操作纪律理解并履行他们在 PSMS 中的角色，包括： 1. 进行危害/风险评估。 2. 参与审计工作。 3. 对过程安全风险评估与管理的人员进行培训
维持	过程安全管理体系(**PSMS**)，操作行为(**COO**)和操作纪律(**OD**)以及文化	了解 PSMS、操作行为和操作纪律的最新信息，掌握良好工程实践和行业最佳实践，并确保 PSMS、操作行为和操作纪律保持最新状态
	事故及未遂事件	1. 对重大事故(内部或外部的)和 PSMS 未遂事件进行审查。 2. 确保采取适当的 PSMS 纠正和预防措施。 3. 适当地利用公司内外的学习经验
	可见性、强化	1. 花时间在工厂，强化过程安全管理体系(PSMS)。 2. 铭记重大事故以及维持屏障的重要性。 3. 就过程安全问题进行沟通(例如，目标进展、重大成果、事故问题)
验证	管理系统审核	确保 PSMS 审核得到执行，并根据指标建立/更新改进计划和目标。包括验证： 1. PSMS、操作行为和操作纪律的审计结果。 2. 企业流程改进方面取得的成果包括：一级和二级过程安全事件(PSE)、风险改善计划等安全目标

6 部署过程安全领导力的问责制和职责

在 PSMS 与操作行为和操作纪律的开发、实施和持续执行过程中，重要的起点是确保有相关知识的人员负责执行所有必要的任务。如果没有明确分配给人员的责任，你只能假设或希望 PSMS 的各个组成部分确实在操作行为和操作纪律的指导下得到自动执行。

RACI 矩阵是团队明确任何活动或一系列活动的角色和责任的一种方式。时间缩写词 RACI 代表：

- **R=责任方：** 负责完成任务的人。
- **A=总负责的人(问责方)：** 最终对交付成果或任务的正确和全面完成负责的人，也是将工作分配给负责任的人。
- **C=咨询：** 需要征求意见的人，通常是特定领域的专家。咨询意味着在任务或决策完成之前需要进行双向沟通。
- **I=被通知：** 了解进度的人。这可能只是指在开始或完成任务或可交付成果时进行的沟通。通常，这是一种单向沟通。

对于某些岗位来说，承担一项任务或交付成果的人也可能需要负责交付完成其中的部分或全部工作。例如，向管理团队阐述愿景的高层管理人员显然也需要与团队一起负责在组织内实施这一愿景。在这个例子中，领导团队的每个成员，包括总负责的高层领导者，都有具体的责任。除此之外，通常建议每个项目中的岗位或流程中的任务只指定一种参与类型。

表 6.1 展示了一家企业安全领导团队的 RACI 矩阵示例。表 6.2 展示了一个拥有多个设施的组织运营领导团队的 RACI 矩阵示例。团队成员可能属于核心团队，也可能当他们的设施或运营区域涉及其中时属于扩展团队。两张表格均可从 www.aiche.org/ccps/publications/leadership 下载。

这些只是例子。你的团队以及组织中的每个管理团队最终都对其在 PSMS 中的职责负责！

表 6.1 企业过程安全领导团队 RACI 矩阵

过程安全管理体系领导 RACI 矩阵									
岗位 / 活动	高层管理人	运营主管	工厂主管	维修主管	工程主管	过程安全专家	研发主管	采购主管	人力资源主管
制定企业安全管理的愿景和目标	A	R	I	I	C	C	C	C	C
用业务驱动因素来明确愿景和目标，并用对员工有意义的语言进行沟通	I	A，R	C	C	R	C	R	R	R
制定企业风险标准	A	R	I	I	R	C	C	I	I
制定 PSMS 和操作行为的政策、系统、要求和关键绩效指标	A	R	I	I	C	C	C	C	C
了解主要潜在后果及其发生的机制	A	R	R	R	R	C	R	R	R
支持和推动关键制度，以防止重大潜在后果的发生	I	A	C	C	R	C	R	R	R
实施 PSMS 和操作行为政策、系统、要求和关键绩效指标	I	A	R	R	R	R	R	R	R
定义并实施系统和工具，以验证所需的屏障是否已到位，是否在约束范围内运行并得到维护	I	A，R	C	C	R	R	R	R	R
执行 PSMS，包括以操作行为和操作纪律方式进行的危害评估、风险审查、MOC、开车前安全审查、培训、程序、检查等	I	A	R	R	R	R	R	R	R
确保 PSMS 审核得到执行，执行 PSMS 审核，并根据指标建立/更新改进计划和目标	A	R	C	C	R	C	R	R	R
参与并准备审核和 PSMS 审核。提供数据用于指标、PSMS 有效性跟踪、公司正在实施的改进计划和目标	I	A	R	R	R	C	R	R	R
花时间改善所负责的设施管理职责，强化 PSMS	A，R	R	R	R	R	R	R	R	R
分配财务和人力资源，执行操作行为和操作纪律	A	R	C	C	R	C	R	R	R
识别并争取资源以满足 PSMS、公司事故和风险降低目标	I	A	R	R	R	C	R	I	I
招聘、开展培训/教育，确保其具备操作纪律能力，并对其进行问责	I	A	R	R	R	C	R	I	I
报告并参与事故和未遂事件的调查	I	I	A	A	A	C	A	R	R
调查事故和 PSMS 未遂事件。 1. 确保适当的 PSMS 纠正/预防措施的实施。 2. 对重大且高潜未遂事件(HPNM)进行上报处理。 3. 建议在公司内外进行适当的资源整合	I	A	R	R	R	R	R	R	R
审查重大事件(内部或外部的)以及 PSMS 未遂事件	A	R	R	R	R	R	R	R	R
优先考虑并为风险降低项目提供资金，以满足公司的事故和风险目标及标准	A	R	R	C	I	C	R	I	I

表 6.2 运营管理团队 RACI 矩阵

过程安全管理体系领导 RACI 矩阵								
岗位 / 活动	运营负责人	工厂负责人	维修工作负责人	人力资源领导者	可靠性工程师	工厂工程师	工程负责人	过程安全专家
用业务驱动因素来明确公司的愿景和目标，并用对员工有意义的方式进行沟通	A，R	C	C	C	I	I	I	C
建立 PSMS、操作纪律、要求、系统和关键绩效指标	A	R	R	C	C	C	I	C
了解重大潜在后果及其发生的机制	A	R	R	R	R	R	I	R
支持和推动关键制度，以防止重大潜在后果	A	R	R	R	I	I	C	C
实施 PSMS、操作行为政策、要求、系统和关键绩效指标	A	R	R	R	I	I	C	C
定义并实施系统和工具，以验证所需的屏障是否已到位，是否在约束范围内运行并得到维护	A，R	R	R	R	C	C	C	C
执行 PSMS，包括以操作行为和操作纪律方式进行的危害评估、风险审查、MOC、开车前安全审查、培训、程序、检查等	A	R	R	R	R	R	C	C
确保 PSMS 审核得到执行，执行 PSMS 审核，并根据指标建立/更新改进计划和目标	A	R	R	C	C	C	C	R
参与并准备审计工作，管理体系审核。提供数据用于绩效跟踪、PSM 系统效率跟踪、公司改进计划和目标设定	A，R	R	R	R	C	C	C	C
花时间改善职责范围内的设施管理，强化 PSMS	A，R	R	R	R	R	R	R	R
分配财务和人力资源，由操作行为和操作纪律执行 PSMS	A	R	R	C	C	C	I	C
识别并争取资源，与操作行为和操作纪律结合执行 PSMS 计划，以满足公司事故和风险降低目标的要求	I	A	R	R	C	C	I	C
招聘、开展培训/教育，确保其具备操作纪律能力，并对其进行问责	A	R	R	R	C	C	I	C
报告并参与对事故和未遂事件的调查	I	A	R	I	R	R	I	C
调查事故和接近失效的 PSM 系统。 1. 确保适当的 PSMS 纠正/预防措施的实施。 2. 对重大且高潜未遂事件(HPNM)进行上报处理。 3. 适当利用公司内外的资源	A	R	R	I	C	C	I	C
审查重大事件(内部或外部的)以及 PSMS 未遂事件	A	R	R	R	R	R	R	R
优先考虑并为风险降低项目提供资金，以满足公司的事故和风险目标及标准	A	R	R	I	C	C	C	C

7 “促使它发生！”

哈罗德·费希尔是20世纪80年代发起全行业实施过程安全规范的先驱，他曾不止一次地说过：“过程安全并不是火箭科学，但确实要困难得多。”(参考文献7.1)在化工厂、炼油厂和其他危险物质生产过程不会有意地离地升空并以超过每小时17000miles(1mile = 1.61km)的飞行速度，也没有哪家制造公司愿意接受太空飞行一小部分的风险。无论哪一个更难，航天领域的领导力和技术挑战都与过程安全领域的挑战有着密切的相似之处，因为两者都需要谨慎行事，以避免将危险带到人们身边。

过程安全之所以特别困难，并不是因为技术上的困难。而是成功实现过程安全所需要的领导力。无论你在组织中的岗位如何，你都需要具备这种领导力。当开始你的过程安全领导之旅时，借鉴两位杰出的安全领导者的经验可能会有所帮助。

“不妨设身处地站在美国前总统约翰·肯尼迪的角度想想”。在1961年5月，肯尼迪宣布了“……将人类送上月球并安全返回地球的目标”(参考文献7.2)。肯尼迪在传达国家目标时并不需要加上后半句。但是，他这样做了，将安全提升到了与登月目标同等的高度，为国家航空航天局(NASA)内部的安全文化奠定了基础。

“再设身处地站在海曼·里科弗海军上将的角度想想”。里科弗创立并领导了美国海军核动力项目多年。里科弗认识到，核能所蕴含的重大潜在后果需要一种强大的文化，也需要规范的操作规程。里科弗所建立的敬畏心和纪律感一直传递给海军管理者的下一代。直到今天，美国海军还没有经历过一次非战斗原因的核事故泄漏事件。里科弗的规则经常被引用，它与过程安全领导力原则非常吻合(参考文献7.3)：

- 第1条：你的产品或服务的质量必须随着时间推移而不断提高，并且远远超出任何最低标准的要求。
- 第2条：负责复杂系统的人应该具备很高的能力。
- 第3条：当出现坏消息时，监管者必须面对并把问题提升到足够高的层次来解决这些问题。
- 第4条：你必须对自身工作的危险性和风险有足够的认识。
- 第5条：培训必须是持续的、严格的。
- 第6条：维修、质量控制和技术支持的所有功能必须相互协调。
- 第7条：组织及其成员必须有从过去的错误中吸取教训的能力和意愿。

(里科弗上将曾在多个场合阐述他的管理原则，尽管措辞和规则数量略有不同。本文所述的里科弗原则节选自一本专注于过程安全的参考资料。)

记住，过程安全事故是为数不多的能够让企业完全丧失生产能力的事件之一。因此，在担任领导职务时，你必须在思想、行动和言谈中将过程安全置于与其他业务目标同等甚至更高的地位。做到这一点后，你必须出色并勤奋地履行自己的职责，并确保周围的人也这样做。图 7.1 总结了过程安全管理模型，领导者应遵循该模型。

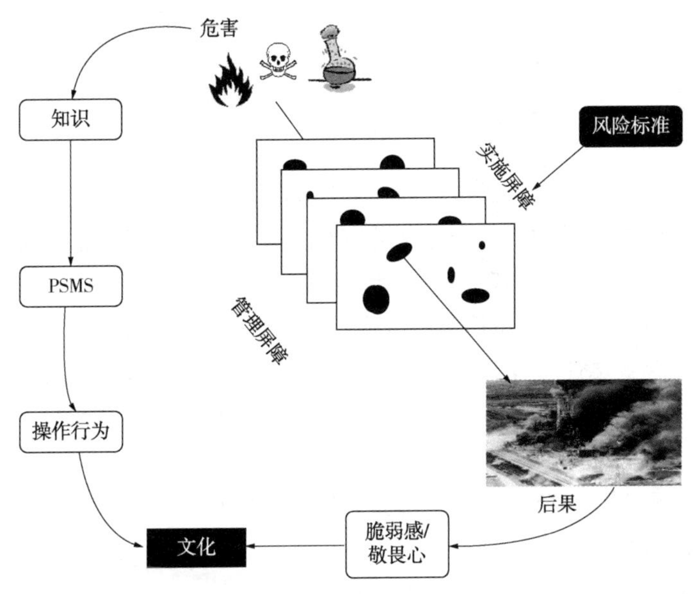

图 7.1　过程安全管理模型

图 7.1 的中心是熟悉的瑞士奶酪模型，展示了防止事故升级为过程安全事件的屏障。右上部分强调了领导角色在实施屏障方面的作用，这得益于已制定的风险标准。左下部分强调了管理者在维护屏障方面的作用。管理者必须利用他们对危害和技术的了解以及对潜在后果的敬畏心，以强有力的操作行为和操作纪律来推动 PSMS。这样做将有助于建立强大的过程安全文化。

每家公司和每个设施都有不同的组织结构和生产危险性。因此，只有你的管理层、董事会、同事和你的团队才能确定你的具体职责和责任。无论你的过程安全管理岗位是什么，你都需要：

- **识别**过程安全危害并保持你的脆弱感。
- **了解**并**执行**控制这些危害所需的屏障，以符合企业风险标准。
- 严格**遵循** PSMS，确保你控制下的生产在其约束范围内运行，且防护措施得到有效维护。
- 从事故、未遂事件和员工参与中**学习**，并在发现缺陷时进行纠正。
- **监控**关键绩效指标并验证绩效，关注细节。
- **推动**持续改进的文化。

EX

作为高层管理人员，你必须忠实地担任“首席过程安全官”的岗位。你必须：

- 建立过程安全愿景、管理体系、政策和指标；

- 建立并实施公司风险标准，并管理风险评估过程；
- 通过公司所有业务和设施推动操作行为和操作纪律，并承担领导责任；
- 确保为过程安全所需的适当和足够的资金、领导力、管理和技术资源可用；
- 通过管理评审、现场巡查和公司沟通保持参与。

ML 作为中层管理者，你必须作为所控制或影响的运营过程的安全负责人，以专业态度行事。你必须：

- 回应并强化公司的愿景，并在你的设施中管理和实施过程安全目标和 PSMS；
- 收集、报告并根据数据采取行动；
- 推动并验证你在设施内的操作行为和操作纪律；
- 确保为过程安全所需的适当和足够的资金、领导力、管理和技术资源可用，并在财务紧张时期倡导保留足够资源；
- 通过管理评审、现场/单位访问和沟通等方式持续开展沟通。

FL 作为基层管理者，你必须践行公司的过程安全文化、目标和政策。员工会观察你的行为，以判断高层领导是否重视过程安全。因此，你在过程安全方面扮演着至关重要的岗位角色。你必须：

- 让你的团队和自己在所有工作中都做到持续改进和优化；
- 保持团队的敬畏心；
- 积极对抗偏离的常态化；
- 时刻保持警惕，留意事故征兆；
- 忠实而专业地执行 PSMS；
- 预警管理应及时发现并弥补过程安全所需的资金、领导力、管理和技术资源方面的缺口。

作为基层员工，你每天都在发挥着重要作用，以确保过程安全管理体系（PSMS）能够正确且可靠地执行。你必须：

- 以专业的态度履行你的职责，确保完成所有 PSMS 要求；
- 及时向管理层报告资源不足和任何出现的问题；
- 在生产似乎朝着不安全的方向发展的时候，使用你的停工权停止工作；
- 相信你的直觉，在你认为有问题但不确定的时候停止工作；
- 带动你的同事，并在你观察到不安全行为时指出并纠正它们；
- 要求管理层对作为员工参与活动一部分所给出的反馈做出回应。

无论你的职位高低，过程安全管理都不是自然而然发生的。正如本书所讨论的那样，你必须超越仅仅口头表示“支持安全”的层面。你必须以严谨和专业的态度履行你的过程安全职责。这需要承诺、规划、勤奋和一致性。

本书在 www. aiche. org/ccps/publications/leadership 网站上提供了可下载的电子文件，其中包含了一些工具，可用于规划个人发展、个人目标、团队目标以及领导行动。你可能会发现，其中参考表 4. 4“有效操作行为和操作纪律系统的指标”非常有用。

过程安全不仅是一种道德上的要求，也是一种领导力上的要求。然而，这种要求也带来了好处：对企业整体而言，对企业盈利能力而言，对股东价值而言，对企业长期可持续发展而言，以及对卓越领导力而言。许多公司的领导者长期以来一直表示：“没有什么比安全更重要。”当然，安全至关重要。但是，对于处理和加工危险物料的公司来说，以下是值得注意的一点：

没有比过程安全领导力更重要的领导力了。

参 考 文 献

7.1 Fisher H. G., Personal communication.

7.2 Kennedy J. F., *Speech to Congress(of the USA)*, May 26, 1961.

7.3 Paradies M., *Has Process Safety Management Missed the Boat?* AIChE, Process Safety Progress, Vol. 30, No. 4, 2011.